DIE GEPANZERTEN RADFAHRZEUGE

DES DEUTSCHEN HEERES 1905 – 1945

Walter J. Spielberger / Hilary L. Doyle

Motor buch Verlag spezial

Einbandgestaltung: Luis dos Santos

Bildnachweis: P. Chamberlain Collection (7), Daimler-Benz AG, Archiv (21), Archiv Uwe Feist (24), Robert J. Icks Collection (18), Archiv Ingo Kasten (2), Krauss-Maffei AG Archiv (1), MAN Archiv (4), Archiv Werner Oswald (4), Dr. Ing. h. c. F. Porsche AG (2), Archiv W. J. Spielberger (114); Bundesarchiv Bild 136-B3098, CC-BY-SA-30, Bundesarchiv Bild 101I-753-0010-19A, weitere Nachweise: direkt bei den Fotos.

ISBN: 978-3-613-04015-1

Spezialausgabe: 1. Auflage 2017

Sie finden uns im Internet unter www.motorbuch-verlag.de

Reproduktionen: Gold Rose Publishing Ltd., 70190 Stuttgart
Druck und Bindung: Graspo CZ, 76302 Zlin
Printed in Czech Republic

INHALT

Austro-Daimler AFV: Erster Prototyp eines Panzerwagens von 1906. Mit drehbarem MG-Turm. (Foto: PD).

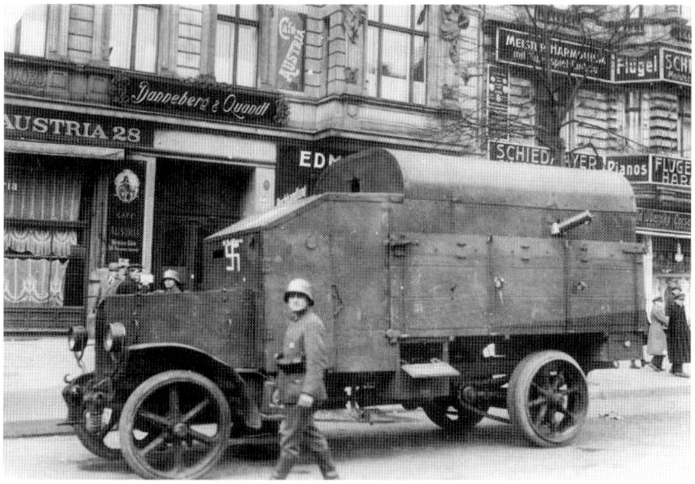

Gepanzertes Radfahrzeug der Kapp-Putschisten, 1920. (Foto: Bundesarchiv-Bild 146-1972-033-17, Otto Haeckel, © CC-BY-SA-3.0).

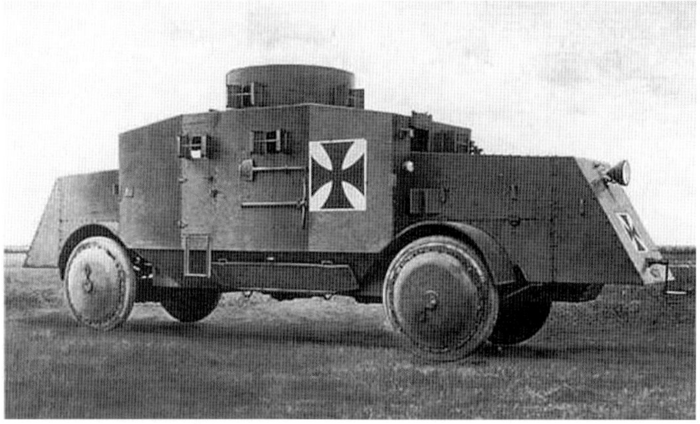

Gepanzerter Spähwagen A5P von Büssing. (Foto: PD).

Straßenpanzerwagen Ehrhardt E-V/4 aus dem Ersten Weltkrieg. (Foto: PD).

Panzerwagen Sd.Kfz. 3 während des Herbstmanövers in Ostpreußen im Jahr 1928. (Foto: Bundesarchiv Bild 102-06342, © CC-BY-SA-3.0).

Außer Gefecht gesetzter Leichter Panzerspähwagen: Sd.Kfz. 221 im Jahr 1940. (Foto: PD).

In Tunesien 1943 von den Briten erbeuteter deutscher Sd.Kfz. 223. (Foto: PD).

Leichter Panzerspähwagen Sd.Kfz. 231. (Foto: Bundesarchiv Bild 101I-639-4261-33A, Nowak, © CC-BY-SA-3.0).

Sd.Kfz. 250 auf dem Vormarsch in Lettland während des Zweiten Weltkrieges. (Foto: Bundesarchiv Bild 101I-009-0869-21, Schröter, © CC-BY-SA-3.0).

Panzerspähwagen SdKfz 231 (Bundesarchiv Bild 136-B3098,CC-BY-SA-30).

Sd.Kfz 232, 1935 (Bundesarchiv Bild 146-2005-0137, CC-BY-SA-30).

Vorwort

Es waren in der Hauptsache traditionelle Vorurteile, die neben technischen Problemen die Einführung des Verbrennungsmotors bei der deutschen Armee verzögerten. So wurden die Versuche des Heeres mit vierradgetriebenen Fahrzeugen 1908 endgültig (!) eingestellt, da sie nicht subventionsfähig waren. 1910 führte die Straßengebundenheit der damaligen Kraftfahrzeuge zu einem Entscheid des Kriegsministeriums, der den bestückten und gepanzerten Kriegskraftwagen vorübergehend ad acta legte.
Das Umdenken der militärischen Führung auf dieses zeitgemäße Fortbewegungsmittel war selbst nach dem Ersten Weltkrieg noch nicht abgeschlossen. Vor allem der Bau und Einsatz gepanzerter Kraftfahrzeuge beschäftigte die verantwortlichen Planer in einem Umfang, der noch auf Jahre hinaus bestimmend für die Unsicherheit im militärischen Denken sein sollte. Typisch für diese Tatsache war eine Bemerkung des damaligen Inspekteurs des Gründers der deutschen Panzerwaffe, Heinz Guderian, als dieser versuchte in bescheidenen Anfängen aus der Nachschubtruppe eine Kampftruppe zu formen. Es war anfangs 1925, als Guderian auf seine Vorstellungen zur Antwort bekam: »Zum Teufel mit der Kampftruppe, Mehl sollt ihr fahren!«
Dieses Unverständnis lähmte manche Initiative, konnte aber den bereits bei Ende des Ersten Weltkrieges offensichtlichen Durchbruch des Motorisierungsgedankens im Heer nicht mehr aufhalten. So wurde die Heeresmotorisierung ein Spiegelbild der technischen Entwicklung des Kraftwagens, und sie befruchtete in vielen Fällen die Weiterentwicklung in Gebieten, wo fehlende Mittel und Unvermögen der Industrie als Hemmschuhe wirkten.
Sehr schnell wurde die Tatsache erkannt, daß, wie Walther K. Nehring sich ausdrückte, es sich bei der Heeresmotorisierung nicht so sehr um ein operatives oder technisches Problem handelte, sondern vor allem um ein rein wirtschaftliches. Die Industrie war zwar bereit, unter Abwandlung ihrer handelsüblichen Erzeugnisse gewissen Forderungen des Heeres entgegenzukommen, fühlte sich jedoch außerstande, in großem Rahmen grundsätzlich neue Wege einzuschlagen. Dabei ließen sich grundsätzliche Forderungen nach Wartungsfreiheit, Typisierung, leichter Reparaturfähigkeit, Austauschfähigkeit einzelner Teile, leichter Bedienbarkeit, Zuverlässigkeit und langer Lebensdauer ohne weiteres auch bei zivilen Verbrauchern verkaufen. Selbst das totalitäre Regime nach 1933 zeigte sich nicht in der Lage, der Industrie die gleichen Forderungen zu stellen, die in den Vereinigten Staaten nach 1941 zur Selbstverständlichkeit wurden. Typenbeschränkungen mit all ihren Vorteilen wurden vor allem in den USA in einer Weise durchgeführt, daß sie richtungweisend bis in die heutigen Tage blieb. So blieb die deutsche Heeresmotorisierung notgedrungen ein Konglomerat auseinanderlaufender Anschauungen, die sich später im harten Alltagsbetrieb der Kriegsjahre nicht überzeugend durchsetzen konnten.
Das vorliegende Buch vermittelt einen weiteren Einblick in die Entwicklung des Kraftwagens. Daß diese Fahrzeuge im vorliegenden Falle gepanzert und in vielen Fällen bewaffnet waren, spielt eigentlich eine nur nebensächliche Rolle. Es war jedoch der Heeresmotorisierung vorbehalten, hier Grenzen aufzuzeigen, die von den Konstrukteuren nur unter Anspannung aller verfügbaren Kenntnisse gemeistert werden konnten. Die dem Zivilverbraucher zur Verfügung stehenden Produkte profitierten letztlich von diesen Erkenntnissen. Die Leistungen der Industrie auf diesem Gebiet sollen in diesem Band dokumentiert werden.

Der Verlust meines gesamten Archivs in den letzten Kriegswochen zwang zur Notwendigkeit eines Wiederaufbaus zu einer Zeit, in der offizielle Dokumente nur schwer zu beschaffen waren. Die mir im Gedächtnis verbliebenen Einzelheiten ließen sich zu einer losen Vorstellung zusammenfassen, die nach und nach wieder dokumentiert werden konnte. Nach meiner Versetzung in die Vereinigten Staaten eröffneten sich mir Quellen, die bis dahin verschlossen geblieben waren. Dafür bin ich in erster Linie meinem Freund Col. Robert J. Icks (AUS ret.) dankbar, der mir in selbstloser Weise nicht nur seine eigene Sammlung zur Verfügung stellte, sondern mir auch die Verbindung zu anderen Dienststellen verschaffte. Durch ihn und Col. B. Jarret (AUS ret.) war ich in der Lage, die Unterlagen der »American Historical Association« in Alexandria, Virginia, auszuwerten. Tausende von Metern von Mikrofilmen wurden in jahrelanger Arbeit ausgewertet und dadurch die meisten Angaben dieses Buches offiziell dokumentiert. Das Bildmaterial wurde dementsprechend erworben. Jahrelange Zusammenarbeit mit Freunden unseres Arbeitskreises rundete die Arbeit, und ich denke dabei vor allem an die Herren P. Chamberlain, H. Doyle, U. Feist, D. Hunnicutt, B. Murray, H. Scultetus, B. Vanderveen und F. Wiener. Vielleicht lassen sich die noch bis heute unvollständigen Unterlagen durch die Mithilfe unserer Leser erweitern, wie auch Kritik an unseren Ausführungen letztlich weiteren Auflagen zugute kommt.

Walter J. Spielberger

Deutsche Offiziere im Ersten Weltkrieg, versammelt vor einem gepanzerten Fahrzeug. (Foto: PD).

Die gepanzerten Radfahrzeuge des deutschen Heeres

Als gegen Ende des neunzehnten Jahrhunderts große kriegerische Ereignisse die Waffentechnik zu neuen Konstruktionen und neuen Versuchen anspornten, ergaben sich die ersten konkreten Verbindungen zwischen Verbrennungsmotor, Maschinengewehr bzw. Schnellfeuergeschütz und Panzerung.

So wurden bereits 1870 bei der Einschließung von Paris gepanzerte Lokomotiven und gepanzerte Eisenbahnwagen, die mit Geschützen ausgerüstet waren, zur Verteidigung der Hauptstadt eingesetzt. Die fortschreitende Entwicklung des Kraftwagens befähigte die obersten Militärbehörden, auch dieses Transportmittel auf seine Brauchbarkeit für Kampfzwecke zu untersuchen. Vor allem seine Unabhängigkeit vom Schienenstrang ergab völlig neue Anwendungsgebiete. Im Wettbewerb mit dem Pferd liegend, war es dem Automobil zunächst nicht möglich, überzeugend seine Vorteile herauszustellen. Auch war der Widerstand seitens der alten Schule der militärischen Führung noch so überwiegend, daß sich die Heeresmotorisierung nur zögernd durchsetzen konnte.

Erste Untersuchungen schufen in Deutschland ein Panzerautomobil der Daimler-Motoren-Gesellschaft, welches am 12. 10. 1905 im Hofe des Kriegsministeriums vorgeführt wurde. Fahrgestell und Antriebsaggregate stimmten dabei mit denen der handelsüblichen Mercedestypen überein. Der Aufbau hatte neben dem Sitz für den Fahrer im hinteren Teil des Fahrzeuges eine Kuppel, die Platz für die Aufstellung mehrerer Maschinengewehre bot. Eines dieser MG konnte auf dem Wagen gefechtsbereit angebracht werden.

Zum Schutz gegen Beschuß war der Wagen rundum durch Stahlplatten geschützt. Selbst die Räder konnten durch Schutzschilde, die bis zum Boden absenkbar waren, geschützt werden. Das Fahrzeug war mit

Der von Paul Daimler konzipierte, vierradgetriebene Straßenpanzerwagen der Österreichischen Daimler-Motoren-Gesellschaft. In Entwicklung seit 1903, war dieses Einzelexemplar mit das erste gepanzerte Allradfahrzeug der Welt. Es war in seiner modernen Gesamtkonzeption allen anderen Entwicklungen weit voraus.

Luftreifen ausgerüstet. Die Mitnahme einer größeren Munitionsmenge war möglich. Wie es in einer offiziellen Erklärung jener Zeit hieß, »folgte das Fahrzeug willig allen Nuancen der Steuerung und erwies sich als sehr lenkbar«.

Nach der Vorführung wurde der Wagen der Abteilung der Verkehrstruppen zugewiesen, um dort auch im Gelände erprobt zu werden.

Die Entwicklung der sogenannten Straßenpanzerwagen ist jedoch untrennbar mit der Entwicklung des Vierradantriebes für Kraftfahrzeuge verbunden.

Erste Versuche dieser Art fanden in Österreich statt, als im Herbst 1902 der damalige Hauptmann Ludwig von Tlaskal-Hochwell der Daimler-Motoren-Gesellschaft in Wiener-Neustadt ein Projekt über einen Vierradantrieb für Zugmaschinen anbot. Aufbauend auf diesem Entwurf entwickelte Dir. Paul Daimler im Frühjahr 1903 einen Panzerkraftwagen, der als Einzelexemplar auch tatsächlich gebaut wurde. Das Fahrzeug muß für seine Zeit als äußerst fortschrittlich bezeichnet werden. Es handelte sich hierbei zwar nicht um das erste, aber um das erste brauchbare Vierradantriebsfahrzeug, welches bekannt wurde. Das Fahrzeug hatte vorne Kardan- und hinten Ritzelantrieb (DRP Nr. 196 549 und 191 172), die Kraftübertragung erfolgte über Gelenkwellen zu den beiden Ausgleichsgetrieben mittels einer dritten Getriebewelle (DRP Nr. 190 741). Zum Einbau gelangte ein wassergekühlter Vierzylinder-Daimler-Vergasermotor, der bei 4,4 l Inhalt und 1050 U/min 30 PS leistete. Mit einem Daimler-Viergang-Spezialgetriebe versehen, erreichte das 2 t schwere Fahrzeug eine Geschwindigkeit von 24 km/h. Der Benzinvorrat reichte für eine zehnstündige Fahrt. Die Besatzung bestand aus zwei Mann. Der sich um 360° drehende Turm hatte eine Panzerung bis zu 3,5 mm (Schild ähnlich dem der Feldkanone M.05) und schützte gegen Gewehrfeuer auf mehr als 300 m und gegen Granatsplitter. Ein heb- und senkbarer Fahrersitz gab bei Marschfahrt freie Sicht. In geheimer Entwicklungsfertigung und Werkserprobung wurde dieses Fahrzeug vorführungsreif gemacht und anläßlich des Kaisermanövers in Schlesien im Jahre 1906 mit Erfolg zum Einsatz gebracht. Obwohl die Bedeutung des Fahrzeuges vom Chef des Generalstabes, Conrad, und vom Chef des K. und K. Militärkraftfahrwesens richtig erkannt worden war, erklärte sich Kaiser Franz Josef als an dieser Erfindung nicht interessiert. Der Hauptgrund seiner Ablehnung war die Tatsache, daß während der Vorführung des Fahrzeuges das Pferd eines zur Suite des Kaisers gehörenden Generals scheute und der General dabei abgeworfen wurde.

Ein Antrag, dieses Fahrzeug für 27 000 Kronen anzukaufen, um es probeweise in einen Lichtmaschinenwagen umzubauen, wurde abgelehnt. Dagegen wurde das Ansuchen der Daimler-Motoren-Gesellschaft, das Panzerfahrzeug nach Frankreich verkaufen zu dürfen und in Berlin zur Ausstellung zu bringen, Ende 1906 vom Kriegsministerium bewilligt.

Auf der Automobilausstellung 1906 in Berlin erschien ein Panzerfahrzeug der Firma Ehrhardt in Zella St. Blasii. Im Gegensatz zum Entwurf der Österreichischen Daimler-Werke wurde für dieses Fahrzeug ein kettengetriebenes Normallastwagen-Fahrgestell verwendet. Der verwendete 60-PS-Vergasermotor ließ es Steigungen bis zu 22 Prozent überwinden und Normalgeschwindigkeiten von 45 km/h erreichen. Das hauptsächlich zur Bekämpfung von Beobachtungsballonen vorgesehene Fahrzeug war mit einer 5-cm-Flugabwehrkanone L/30 in Mittelpivot-Wiegenlafette M/06 ausgerüstet. Eine allseitige Panzerung von 3 mm Stärke schützte das Fahrzeug. Einsteigeöffnung, Ausguck und Schießscharte waren verschließbar, der vordere Teil aufklappbar. Die mit dem Geschütz verbundene Panzerkuppel war nur begrenzt drehbar und hatte eine bewegliche Schartenblende. Im Fahrzeug war ein Munitionskasten angeordnet. Das Rohr war als Massivrohr ausgebildet, die Wiege ruhte mit ihren seitlichen Tragzapfen in der Pivotgabel. Diese Gabel umschloß das Rohr und nahm oben den Bremszylinder und den Federvorholer auf. Die Seitenrichtung wurde mittels der an der Pivotgabel sitzenden Schulterstütze erteilt, eine Klemmschraube fixierte diese Bewegung. Die Höhenrichtung wurde durch Schneckentrieb mittels Handrad erteilt, für größere Bewegungen war der Trieb abschaltbar. Der Aufsatzbogen war durch einen Schneckentrieb, welcher in Verbindung mit der Teilungsscheibe stand, einstellbar. Der Einblick des Zielfernrohres war verstellbar.

Die Munitionsausstattung betrug 100 Granat- oder

Ein gepanzertes Ballon-Verfolgungsfahrzeug der Firma Ehrhardt in Zella St. Blasii. Die 5 cm-Flugabwehrkanone hatte einen begrenzten Schwenkbereich.

Die Maßskizze zeigt das kettengetriebene Lastwagenfahrgestell. Der Panzeraufbau wurde zur Feuerabgabe abgestützt.

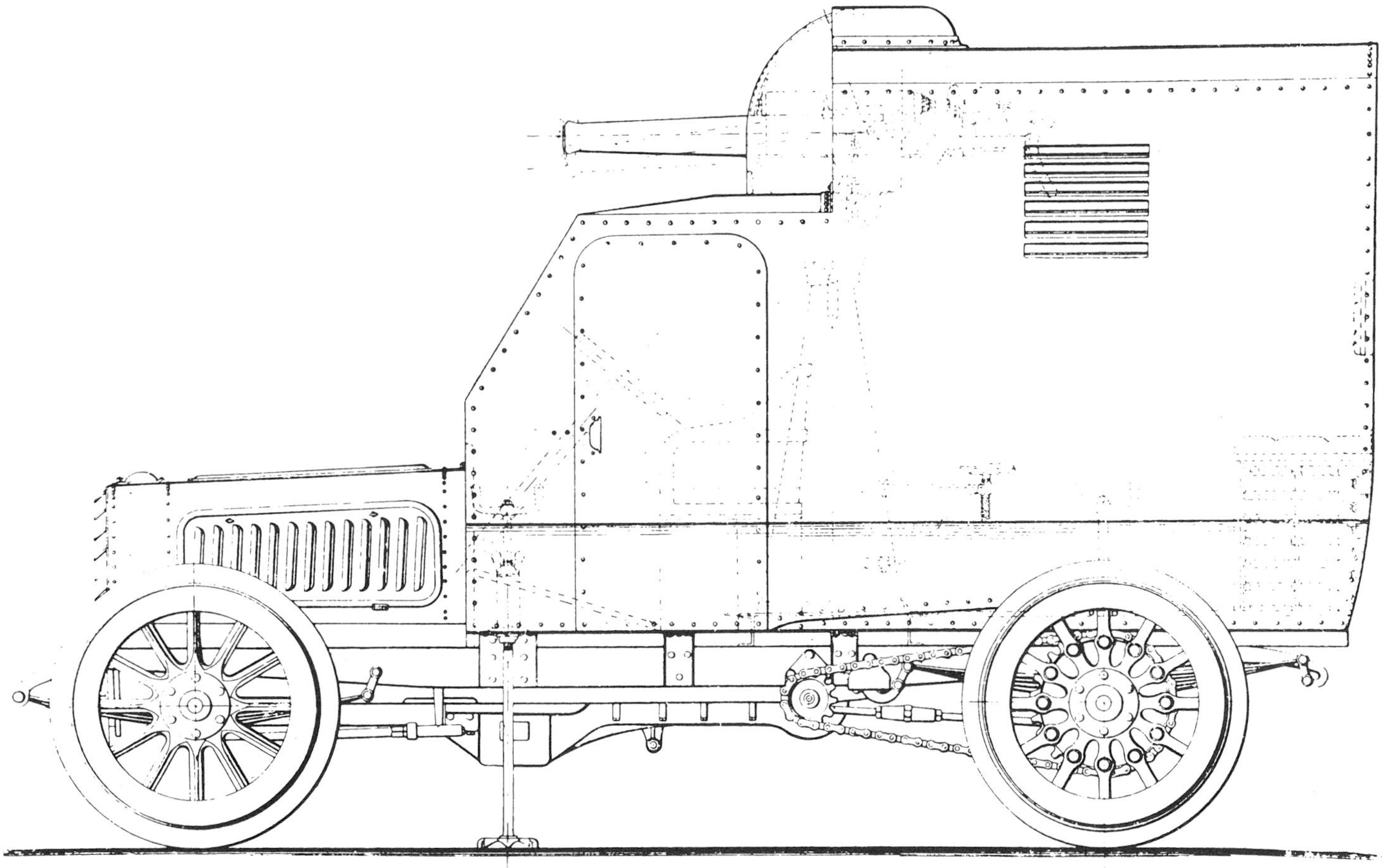

Schrapnellpatronen. Der Richtbereich ging von +70 bis –5°, seitlich 60°. Das Gesamtgewicht des Fahrzeuges mit voller Ausrüstung, Munition und 5 Mann Besatzung belief sich auf 3,2 t.

Über dieses Fahrzeug erschien in der AAZ Wien 1907, I. Band, Nr. 13, Seite 12, folgende kritische Betrachtung: »Die 3-mm-Panzerung soll deshalb gerechtfertigt sein, weil viele Staaten zur Panzerung der Geschütze und Munitionswagen Stahlplatten von 3 mm Stärke verwenden. Ein Panzer, der seinen Zweck, die Insassen des Fahrzeuges zu schützen, erfüllen soll, muß so stark sein, daß er gegen Gewehrfeuer auf wirksamste Schußweite – denn mit Maschinengewehren werden die erkundenden Panzerautomobile vor allem zu rechnen haben – schützen soll. Ein Panzer, der nicht schützt, ist ein schädlicher Ballast. Bei den Erhardtschen Panzerwagen ist ferner noch der Umstand zu berücksichtigen, daß das Geschütz nicht nach der Seite feuern kann. Der Aktionswinkel von 30° nach jeder Seite ist viel zu gering bemessen, und andere Panzerwagen (z. B. österreichisches Muster), die nicht zum Zwecke der Ballonverfolgung konstruiert, mit drehbarer Panzerkuppel ausgerüstet sind und nach allen Seiten hin feuern können, sind dem Erhardtschen Wagen bei weitem vorzuziehen.«

Eine Weiterverfolgung dieses Projektes fand nicht statt.

1906 erschien ebenfalls ein leicht gepanzertes Kriegsautomobil für höhere Truppenführer, welches auf einem 40-PS-Opel-Darracq-Fahrgestell aufgebaut war. Der Aufbau war oben offen.

Erst im Jahre 1909 fanden weitere Versuche mit Panzerautomobilen statt, wobei diesmal auch ausländische Fabrikate einer genaueren Untersuchung

1906 erschien dieses leicht gepanzerte Kriegsautomobil für höhere Truppenführer. Fahrgestell Opel-Darracq.

Das ursprünglich für Rußland bestimmte französische Panzerauto der Firma Charron Girardot & Voigt, welches in Deutschland eingehenden Versuchen unterzogen wurde.

Die Rückansicht des Fahrzeugs zeigt den um 360° schenkbaren Drehturm und die seitlich schräg am Aufbau angebrachten Schienen zum Überwinden von Bodenhindernissen.

unterzogen wurden. Dabei ist interessant, daß zwei französische Panzerautomobile der Firma Charron & Voigt, hergestellt in Puteaux, welche ursprünglich für Rußland bestimmt waren, für diesen Zweck Verwendung fanden. Beide Fahrzeuge wurden, da von Rußland nicht abgenommen, von Deutschland angekauft. Als Typ »CGV 1908« bekannt, hatten diese Fahrzeuge Hinterradantrieb, welcher durch einen vorne liegenden Vierzylinder-30-PS-Vergasermotor angetrieben wurde. Die vier Mann Besatzung, welcher ein Hotchkiss 7,9-mm-MG mit 2470 Schuß Munition im Drehturm zur Verfügung stand, wurde durch 6-mm-Panzerung geschützt.

An den Herbstübungen des Jahres 1909 nahmen fernerhin noch ein gepanzertes Krankentransportfahrzeug der französischen Firma Palisser sowie ein 45-PS-Mercedes-Wagen mit 3,5 mm starkem Panzer teil. Ein Büssing-Omnibus-Fahrgestell war mit MG bestückt worden.

Die Straßengebundenheit dieser Fahrzeuge führte zu ihrer Abschaffung, und durch einen Entscheid des Kriegsministeriums vom 12. 3. 1910, von weiteren Versuchen Abstand zu nehmen, war der Gedanke des bestückten und gepanzerten Kriegskraftfahrzeuges so gründlich totgeschlagen, daß man sich erst wieder damit befaßte, als die Kriegsereignisse dazu zwangen. Dabei ist noch zu erwähnen, daß die Versuche des Heeres mit dem Vierradantrieb bereits 1908 endgültig (!) eingestellt worden waren, weil die Konstruktion von Fahrzeugen dieser Art als zu schwer, zu kompliziert und als nicht einbürgerungsfähig (Subvention) angesehen wurde.

Die 1912 durch die A 4 des KM veranlaßte Konstruktion der Ballonabwehrkanonen (BAK) durch Krupp mit Daimler und durch Rheinmetall mit Ehrhardt ließ den Gedanken eines Kraftwagens mit Vierradantrieb jedoch nicht ruhen, und es ist interessant festzustellen, daß gerade diese Fahrzeuge die Grundlage für die 1915 neugeschaffenen Panzerfahrzeuge bildeten.

In der Zwischenzeit hatte sich ebenfalls die A 2 (Infanterieabteilung des KM) mit der Entwicklung des Vierradantriebkraftwagens beschäftigt. Es war ein »Maschinengewehrträger«, gepanzert oder ungeschützt, gefordert.

Der von der Daimler-Motoren-Gesellschaft in Stuttgart hergestellte »leichte Vierrad-Antrieb«-Wagen, der 1914 von der Infanterieabteilung des Kriegsministeriums bestellt wurde. Einige dieser Fahrzeuge erhielten eine leichte Panzerung.

Dafür stellte im Jahre 1914 die Daimler-Motoren-Gesellschaft zwei Versuchsfahrzeuge des sogenannten »leichten Vierradantriebs« her. Diese Fahrzeuge waren mit einem Mercedes-Daimler-»E 4 F«-Vierzylinder-Flugmotor ausgerüstet, der bei einem Hubraum von 6,3 l bei 1200 U/min 70 PS leistete. Mit zehn Mann Besatzung erreichten diese Fahrzeuge eine Geschwindigkeit bis zu 52 km/h. Ein bis zwei schwere MG und bis zu 16 000 Schuß Munition waren darauf untergebracht. Ein MG konnte auf einer Sockellafette zum Fliegerbeschuß eingesetzt werden. Fahrzeuge dieser Art wurden in Einzelexemplaren auch von anderen Herstellern gefertigt und teilweise mit Panzerschutz versehen.

Zu Beginn des Ersten Weltkrieges wurde eine Anzahl handelsüblicher Personenkraftwagen durch leichte Panzerung für Aufklärungszwecke verwendbar gemacht.

Das Fahrgestell des Büssing/15-Panzerwagens war symmetrisch ausgelegt und hatte Lenkungen für Vor- und Rückwärtsfahrt. Ein 6-Zylinder-Motor mit 100 PS Leistung war eingebaut.

Das Fahrzeug hatte normalerweise neun Mann Besatzung und drei schwere Maschinengewehre als Bewaffnung. Das Gefechtsgewicht betrug ca. 10 t. Nur ein Prototyp wurde gebaut.

Trotzdem zwang der Mangel an geeigneten Fahrzeugen dieser Art zu Beginn des Ersten Weltkrieges, Personenkraftwagen mit behelfsmäßigen Panzeraufbauten zu versehen, um diese Fahrzeuge für Aufklärungsaufgaben einsetzen zu können.

England, Frankreich, Italien und Belgien hatten zu Beginn des Krieges eine größere Anzahl gepanzerter Fahrzeuge zur Verfügung. Ihr Erscheinen an der Front und ihre Erfolge veranlaßten die OHL am 22. 10. 1914 zur Vergabe von Baubedingungen für Fahrzeuge dieser Art. Auf Grund dieser Forderung entstanden 1915 drei verschiedene Versuchswagen, die als Einzelstücke von den Firmen Daimler, Büssing und Ehrhardt geliefert wurden.

Der Panzerwagen »Büssing/15« lief unter der Typenbezeichnung »A 5 P« und hatte einen wassergekühlten Sechszylinder-Büssing-Vergasermotor mit 100 PS Leistung eingebaut (Bohrung/Hub 132/160 mm). Die vier angetriebenen Räder waren mit einfachen Vollgummireifen versehen. Die Doppelanordnung der Lenkungen und Fahrbedienungshebel, zusammen mit 40 km/h in jeder Richtung zu. Der symmetrisch gehaltene Aufbau war durch 7 mm starke Chromnickelplatten geschützt. An Bewaffnung standen 3 schwere MG der Besatzung von 9 Mann zur Verfügung. Da die Firma Büssing hauptsächlich mit dem Bau von Artilleriezugmaschinen und Artillerie-Munitionskraftwagen beschäftigt und später in das Produktionsprogramm des »A 7 V«-Kampfwagens eingeschaltet war, wurde der Bau von Straßenpanzerwagen nicht mehr weiterverfolgt.

Ähnlich lagen die Verhältnisse beim Bau des Panzerwagens »Daimler/15.« In Untertürkheim wurde nur ein Exemplar dieses Fahrzeuges hergestellt, welches das fast unveränderte Fahrgestell des »BAK«-Trägers verwendete. Ein Daimler »M 1464«-Vierzylinder-Vergasermotor war eingebaut, welcher bei einem Hubraum von 9850 ccm bei n = 1200 80 PS leistete. Das vierradgetriebene, 8750 kp schwere Fahrzeug erreichte, mit einem Viergang-Wendegetriebe ausgerüstet, eine

Der Panzerwagen Daimler/15 verwendete das Fahrgestell des »Ballon-Abwehr-Kanonen«-Trägers, welches ebenfalls mit doppelten Bedienungseinrichtungen versehen wurde.

Höchstgeschwindigkeit von vorwärts 38 und rückwärts 33 km/h. Die Panzerung betrug wiederum 7 mm. Die Besatzung bestand aus einem Kommandanten, 2 Fahrern und 6 Schützen. Drei schwere MG konnten eingesetzt werden.
Der Panzerwagen »Ehrhardt/15 « mit der Typenbezeichnung »E-V/4« hatte einen Vierzylinder-Vergasermotor mit 85 PS Leistung eingebaut. Alle vier Räder waren angetrieben. Die vollgummibereiften Räder hatten vorne Sandfelgen, hinten Doppelbereifung. Zwei Lenkungen für Vorwärts- und Rückwärtsfahrt ergaben zusammen mit einem 4-Gang-Wendegetriebe genügend Beweglichkeit. Das Fahrzeug hatte ein Gesamtgewicht von 9,5 t. Panzerschutz, Bewaffnung und Besatzung waren den vorher beschriebenen Fahrzeugen gleich.
1916 wurde die Panzerkraftwagen-Abteilung 1 aufgestellt, wobei sich am 30. 1. 1917 folgender Bestand an Straßenpanzerkraftwagen ergab: 1 Daimler 80 PS, ein Ehrhardt 85 PS und ein Büssing 100 PS. Im Bau befanden sich zwei weitere Daimler, die jedoch nicht fertiggestellt wurden, und zwölf Ehrhardt 85 PS, die als Panzerwagen »Ehrhardt/17« eingesetzt wurden. Diese verbesserte Ausführung wog nur noch 7,75 t, obwohl man nunmehr auch den bisher offenen Aufbauboden schützte. An Stelle des bisher feststehenden Gefechtsaufbaus wurde ein um 360° schwenkbarer Drehturm gesetzt, in den ein MG eingebaut war. Räder und Scheinwerfer wurden unter Panzerschutz gebracht. Anstelle der bisher offenen Schießscharten wurden federnde Klappen verwendet. Der Panzeraufbau wurde im Volumen verringert, zur gleichen Zeit wurde eine Verbesserung des Schußfeldes erzielt.
Schon beim Daimler-Fahrzeug wie auch bei den »Ehrhardt/17«-Typen wurde eine FT-Anlage versuchsweise eingebaut, welche sich jedoch nicht bewährte. Zusammen mit französischen, englischen, belgischen und russischen Beutefahrzeugen bildeten die oben erwähnten Fahrzeuge das Rückgrat der deutschen Straßen-MG-Panzerwagen-Abteilungen. Die Fahrzeugverteilung war wie folgt:

Dieses Einzelexemplar hatte neun Mann Besatzung und wurde vorübergehend auch mit einer Funkausrüstung versehen. Um ein Einsinken der Vorderräder zu vermeiden, wurden Sandfelgen angebracht.

Als drittes Fahrzeug der Erstausführung erschien der Typ Ehrhardt/15, der ebenfalls nur als Einzelexemplar gebaut wurde. Jedoch hatten sich die drei 15er Typen so bewährt, daß weitere Fahrzeuge dieser Art in Auftrag gegeben wurden.

Für Nachschubzwecke und Sicherungsaufgaben kamen ebenfalls Einzelexemplare dieser gepanzerten Ausführung eines Mannesmann-Mulag-Lastkraftwagens zum Einsatz.

In verbesserter Ausführung folgten 12 Fahrzeuge des Typs Ehrhardt/17, welche nunmehr einen Drehturm erhalten hatten. Räder und Scheinwerfer waren unter Panzerschutz gebracht worden.

Eine Reihe von Lastkraftwagen wurde nach dem Waffenstillstand 1918 durch Überpanzerung für Polizeizwecke verwendbar gemacht. Der tatsächliche Einsatzwert war gering.

1. Deutsche Fahrzeuge der Pzkw. MG Abt. 1 und der Züge 2 bis 6 — 15
2. Beutefahrzeuge für die Züge 7 bis 11 — 11
3. Aus neuer russischer Beute 10, davon wiederherstellbar — 6

insgesamt — 32

Eine weitere Entwicklung dieser Fahrzeuge während des Krieges war unmöglich, da andere, mehr vordringliche Aufgaben weder Entwicklungszeit noch Produktionskapazitäten übrig ließen.

Als Versuchsfahrzeug entstand fernerhin ein gepanzerter Aufbau auf einem Mannesmann-Mulag-Fahrgestell. Das Fahrzeug sollte für Nachschubzwecke Verwendung finden.

Seit Ende 1916 befaßte sich die A 7 V des Kriegskriegsministeriums mit dem Kampfwagenbau. Unter anderem wurde auch erwogen, die bewährte Artilleriekraftzugmaschine »Kr.-D 100 PS« als Panzerwagen zu gewinnen. Die OHL erklärte jedoch unmißverständlich, daß diese Fahrzeuge nicht als Überland-Panzerkraftwagen Verwendung finden sollten.

1919 wurde wegen der Unruhen innerhalb des Reichsgebietes und vor allem, um die Grenzen im Osten schützen zu können, eine größere Anzahl gepanzerter Radfahrzeuge gebaut. Neben den Spezialfahrzeugen ergaben sich eine Reihe von Behelfslösungen. Dabei wurden normale 3-t-Lastkraftwagenfahrgestelle mit nicht immer einwandfreien Panzerungen versehen, die nur ungenügend und auf größere Entfernungen die Besatzungen schützten.

1919 wurde weiterhin eine neue Serie von 20 Ehrhardt-Straßenpanzerwagen aufgelegt, die im wesentlichen der Ausführung 1917 glichen. Zusätzlich wurde eine Radpanzerung eingeführt, während die Maschinengewehre in einer kardanischen Aufhängung untergebracht wurden.

Aus der bereits erwähnten »Kr.-D 100 PS«-Zugmaschine entstand 1919 letztlich der »DZVR«-Panzerwagen der Firma Daimler, von dem bis 1920 40 Stück gebaut wurden. Die eisenbereiften Hinterräder hatten einen Durchmesser von 1400 mm, die Vorderräder einen solchen von 1200 mm. Mit einfachen Mitteln

Aus der »Kr.-D. 100 PS« Zugmaschine entstand 1919 das Fahrgestell »DZVR« für gepanzerte Aufbauten. Hauptsächlich unterschied sich das Fahrgestell durch die am Fahrgestellende angebrachten Bedienungsvorrichtungen für den Rückwärtsfahrer.

40 Stück dieser Fahrzeuge wurden bis 1920 gefertigt und hauptsächlich Polizeieinheiten für Sicherheitsaufgaben zur Verfügung gestellt. (Fahrzeuge waren nachträglich auf Vollgummibereifung umgestellt worden.)

wurde eine Rückwärtslenkung eingebaut, die übrigen Betätigungshebel waren nur beim Vorwärtsfahrer vorgesehen. Die bei der Zugmaschine vorhandenen Radgreifer wurden auch hier wieder verwendet. Der geschlossene Panzeraufbau genügte den Richtlinien, die beim Ehrhardt-Wagen angewendet wurden.

Inzwischen war der Versailler Vertrag abgeschlossen worden, der dem Heer den Besitz von Straßenpanzern untersagte und die vorhandenen Fahrzeuge der Verschrottung nahebrachte.

Der Zusatz von Boulogne zum Vertrag von Versailles erlaubte für ausschließliche Polizeiverwendung im Inneren des Landes 150 Straßenpanzerwagen, die mit je zwei MG ausgerüstet werden konnten. Es gelang, von der Interalliierten Militär-Kontroll-Kommission die Zustimmung zur Streichung der Wagen aus den Beständen der Heeresverwaltung und Überweisung an die Schutzpolizei des Reiches zu erhalten. So gelangte im Jahre 1920 die Schutzpolizei der Länder des Reiches in den Besitz von etwa 50 mehr oder weniger gebrauchsfähigen Straßenpanzerwagen.

Dem Reichsheer selbst standen nur 105 (15 per Division) gepanzerte Kraftwagen zur Mannschaftsbeförderung zu. Diese Fahrzeuge, auf dem Daimler-»DZRV«-Fahrgestell, liefen ohne jegliche Möglichkeit eines Waffeneinbaues als gepanzerte Truppentransporter. Ihre Bezeichnung lautete »Gepanzerter Kraftwagen (Sd. Kfz. 3). Im Inneren waren Sitze, Lüftungs-

Dem Reichsheer wurden lediglich 105 Stück des sog. »gepanzerten Kraftwagens« (Sd. Kfz. 3) zugestanden. Sie liefen auf dem »DZVR« Fahrgestell der Firma Daimler.

Mit diesen trotz Vierradantrieb meist straßengebundenen Fahrzeugen führte die Reichswehr die ersten taktischen Versuche zur Schaffung einer Kraftfahrkampftruppe durch. Bild zeigt einen gepanzerten Kraftwagen mit aufgebautem MG 08/15.

klappen und Beobachtungseinrichtungen vorhanden. Die Spitzengeschwindigkeit betrug 50 km/h, die Tagesleistung zwischen 250 bis 300 km.

Gepanzerte Vollkettenfahrzeuge waren weder für das Heer noch für Polizeizwecke erlaubt. Um die erlaubte Stückzahl von 150 Straßenpanzern für die Polizei zu erreichen, ging man daran, Unterlagen für die Neubeschaffung von 100 dieser Fahrzeuge zu erarbeiten. Da sich der Einsatz dieser Fahrzeuge grundsätzlich geändert hatte, war diese Neuplanung von großer Wichtigkeit. Die Fahrzeuge sollten zwar für Überlandfahrten, in erster Linie jedoch für den Straßenkampf geeignet sein. Dadurch wurde ein stärkerer Panzer verlangt, als ihn die bisher für Kriegszwecke erbauten Fahrzeuge besaßen. Diese konnten meistens die Gefechtsentfernung selbst bestimmen.

Da die einzelnen deutschen Länder aus technischen Gründen nicht in der Lage waren, jedes für sich besondere Panzerwagen zu bauen, übernahm es das Reichsministerium des Inneren, für alle Länder gemeinsam den Bau der Schupo-Sonderwagen durchzuführen. Eine Kommission, bestehend aus Vertretern der einzelnen Länder, nahm bei der Aufstellung der Richtlinien für den Bau und beim Abschluß der Verträge beratend teil und war auch bei der Erprobung der Prototypen weitgehend beteiligt. Obwohl eine größere Anzahl von Automobilfirmen Entwürfe beim R.M.I. einreichte, wurden nach den abgeschlossenen Vorversuchen nur folgende Produktionsaufträge vergeben:

Benz-Werke	24 Stück
Ehrhardt	30 Stück
Daimler	31 Stück

Die Fahrgestelle aller drei Typen besaßen Vierradantrieb und Rückwärtslenkung, um das Wenden in engen Straßen zu vermeiden. Die Umlenkung von Vorwärts- auf Rückwärtsfahrt geschah durch ein Umlenkgetriebe, welches beim Ehrhardt-Sonderwagen vom vorderen Fahrersitz geschaltet wurde. Beim Daimler- und Benz-Sonderwagen konnte das Getriebe sowohl vom vorderen wie auch vom hinteren Fahrersitz geschaltet werden. Da die Interalliierte Kontrollkommission an der rückwärtigen Lenkung Anstoß nahm, war diese ausbaubar angeordnet, wobei der Lenkmechanismus jedoch erhalten blieb und lediglich mit einer Stahlplatte abgedeckt wurde. Der kräftige Rahmen war vorne und hinten durch Rammböcke versteift, welche zur Beseitigung von Hindernissen dienten. Der Kühler lag bei allen Modellen vor dem Motor. Er war überbemessen. Ein Nachfüllen des Kühlers aus dem Inneren des Fahrzeuges war vorgesehen.

Das Spezialfahrgestell der Firma Benz & Cie. in Gaggenau lief unter der Typenbezeichnung »VP 21«. Der Vierzylinder »S 140 N« Vergasermotor mit 12,3 l Inhalt leistete bei 1200 U/min 100 PS. Eine Lamellenkupplung übertrug die Motorleistung auf ein Gruppengetriebe mit 6 Vorwärts- und Rückwärtsgängen. Die Höchstgeschwindigkeit betrug 60 km/h. 270 l Treibstoff wurden in 3 Behältern mitgeführt und ermöglichten einen Fahrbereich von ca. 350 km. Bosch-Anlasser und -Lichtmaschine waren vorhanden. Ebenfalls konnte bei allen Fahrzeugen der Motor im Notfalle von der Fahrzeugmitte aus von Hand angeworfen werden. Der Daimler-Typ »DZVR« hatte nunmehr, wie alle anderen Sonderwagentypen, Räder der Größe 1220×160 erhalten, die hinten doppelt vollgummibereift waren. 5 Geschwindigkeiten in jeder Richtung waren vorhanden. Der Vierzylinder-»M 1574«-Vergasermotor leistete ebenfalls 100 PS. Eine Doppelkonuskupplung übertrug den Kraftfluß. Eine Höchstgeschwindigkeit von 50 km/h wurde erreicht. Wie schon beim Benz-Fahrzeug waren 270 l Kraftstoff in 3 Behältern vorhanden. Der Fahrbereich lag wiederum bei 350 km. Zwei dieser Fahrzeuge waren 1939 während des Polen-Feldzuges bei einer SS/Polizeieinheit eingesetzt.

Der Ehrhardt-Sonderwagen basierte immer noch auf dem Fahrgestell, welches diese Firma für ihre Ballon-Abwehr-Kanonen während des Krieges verwendete. Der Vierzylinder-Vergasermotor hatte 136 mm Bohrung und 160 mm Hub. Bei n = 1300 leistete dieses Triebwerk 80 PS. Eine nasse Lamellenkupplung übertrug diese Leistung auf ein kombiniertes Vor- und Rückwärtsgetriebe mit Kulissenschaltung, welches 6 Schaltstufen in jeder Richtung hatte. Die Höchstgeschwindigkeit lag bei 60 km/h. Im Gegensatz zum Benz-Fahrzeug, welches Stahlscheibenräder, und Daimler, welche Holzspeichenräder einsetzte, gebrauchte Ehrhardt Felgen aus Stahlguß. Drei Kraftstoffbehälter mit zusammen 250 l waren vorhanden.

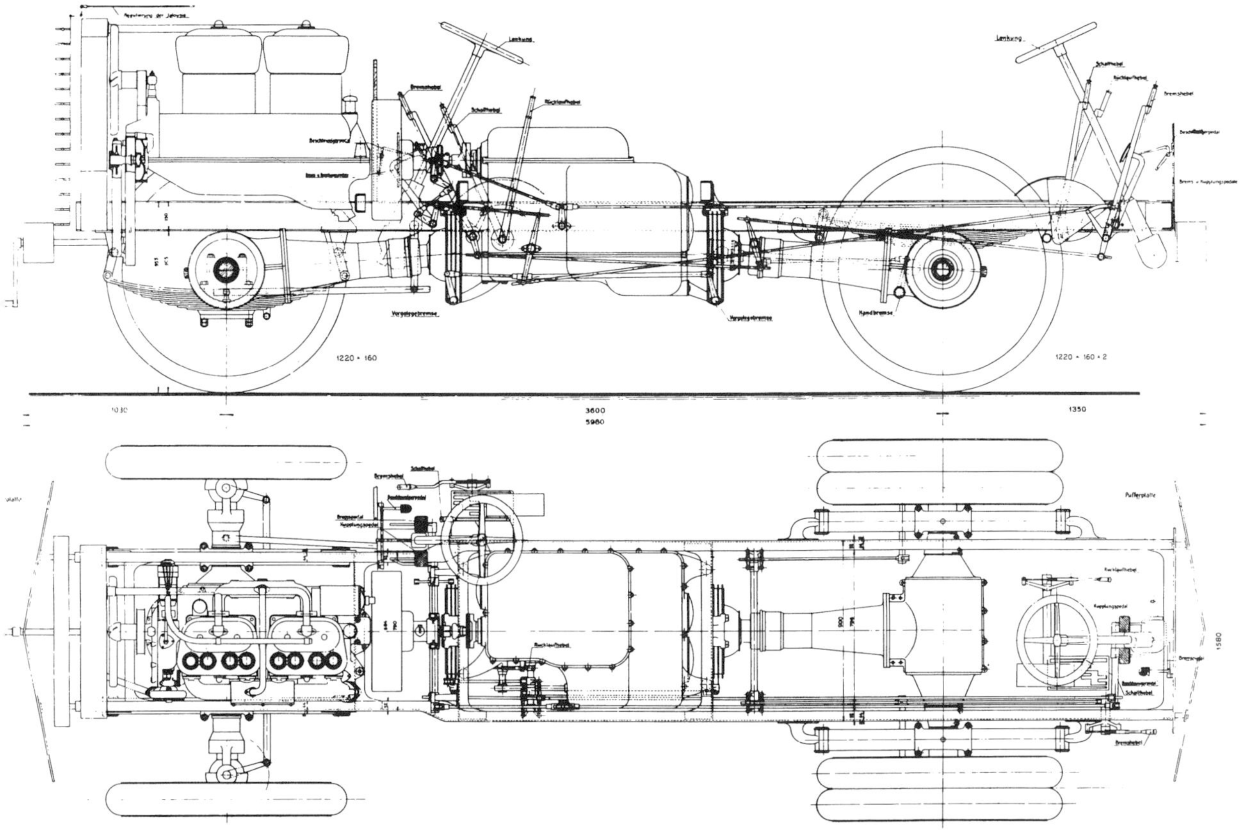

Das Fahrgestell des ausschließlich für Polizeizwecke geschaffenen »Schupo-Sonderwagen/21« der Firma Benz. Auch diese Fahrzeuge hatten Doppellenkung.

24 Stück des Benz-Fahrzeuges »VP 21« wurden gebaut. Die Aufbauten für alle »Schupo-Sonderwagen« lieferte die Firma Martini & Hünecke, Maschinenfabrik AG in Berlin.

Das Daimler-Fahrgestell des »Schupo-Sonderwagens/21« basierte auf dem bewährten Typ »DZVR«, der jedoch nunmehr, wie schon der gepanzerte Kraftwagen der Reichswehr, mit gleich großen Rädern ausgerüstet war. Vierradantrieb und Rückwärtslenkung kennzeichneten auch dieses Fahrgestell. (Siehe auch Abbildungen auf nächster Seite.)

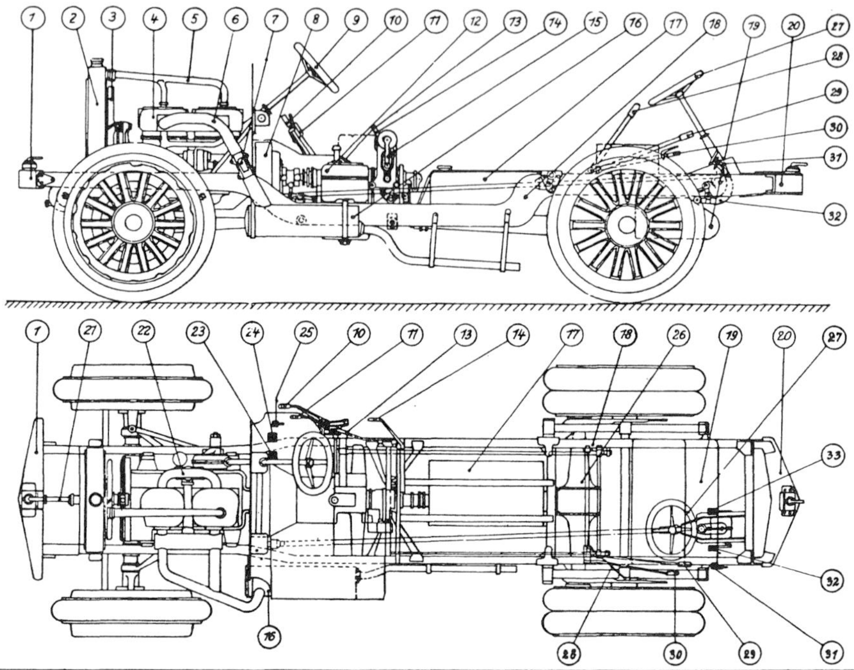

1	Rammbock vorn	8	Schwungrad m Friktionskupplung	15	Andrehvorrichtung im Wageninnern	22	Vergaser	29	Handhebel z. Gangschaltung hinten
2	Kühler	9	Lenkung vorn	16	Auspufftopf	23	Fußhebel z Kupplung vorn	30	Handhebel z. Bremse hinten
3	Windflugel	10	Handhebel z. Bremse vorn	17	Brennstoffbehälter vorn	24	Fußhebel z. Bremse vorn	31	Fußhebel z. Beschleuniger hinten
4	Antriebsmotor	11	Handhebel z. Gangschaltung vorn	18	Fahrgestell-Längsträger	25	Fußhebel z. Beschleuniger	32	Fußhebel z Bremse hinten
5	Kühlwasserrohr	12	Wechselgetriebe	19	Brennstoffbehälter hinten	26	Hinterachs-Antrieb	33	Fußhebel z. Kupplung hinten
6	Auspuffrohr	13	Handhebel z. Diff. Blockierung	20	Rammbock hinten	27	Lenkung hinten		
7	Auspuffklappe	14	Handhebel z. Fahrtrichtungs-Schaltg. vorn	21	Andrehkurbel vorn	28	Handhebel z Fahrtrichtgs-Schaltg. hinten		

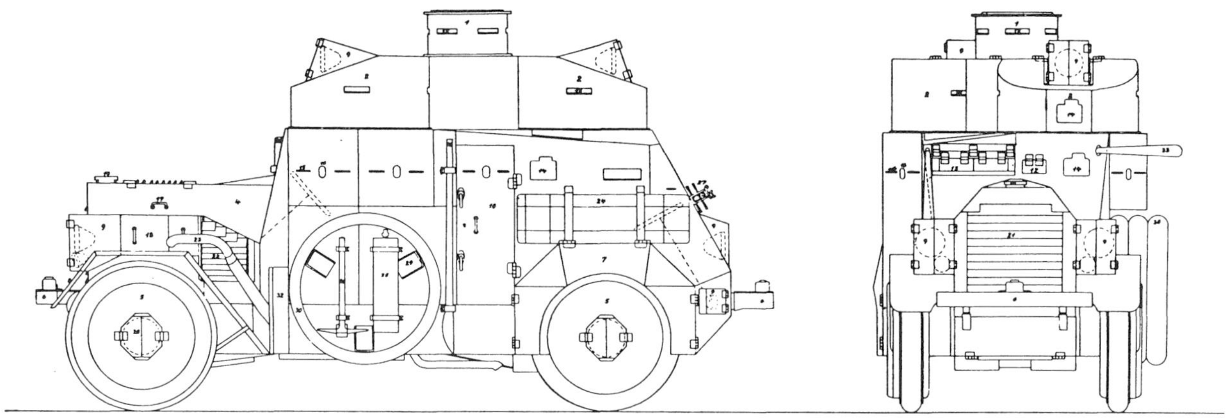

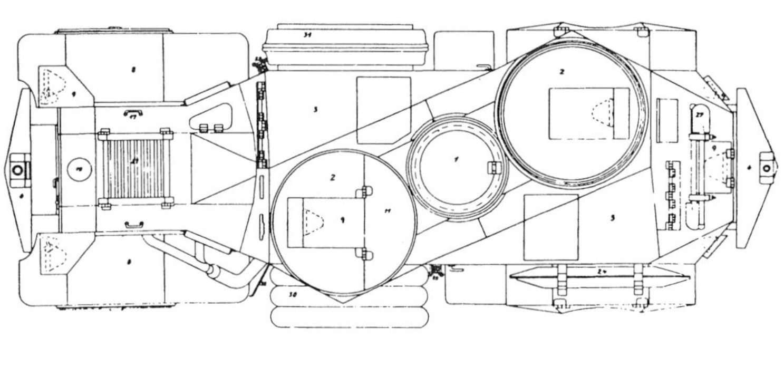

Schupo-Sonderwagen 1921

1 Kommandoturm
2 Drehturm
3 Panzerhaube des Mannschaftsraumes
4 " " Motors
5 Radpanzer
6 Rammbock
7 aufklappbarer Radkasten
8 Kotblech
9 Scheinwerferkasten
10 Tür
11 Entlüftungsklappe
12 Beobachtungsluke für Führer
13 " " Fahrer
14 M.G. Schießscharte
15 Sehschlitze
16 Karabinerschießscharte
17 Motorhaubenklappe
18 herausnehmbare Motorhaubenwand
19 gep. Einfüllstutzen
20 Zugangsklappe für Radnabe
21 verstellbare Motorlüftungsklappe
22 feststehende "
23 Auspuffrohr
24 Brückenschienen
25 Winde
26 Kreuzhacke
27 Spaten
28 Hebebaum
29 Reifenbock
30 Reservebereifung
31 Schienenspurkränze
32 Schutzblech für Gummi
33 Fahrtanzeiger

VERLAG VON R. EISENSCHMIDT, BERLIN NW7, MITTELSTRASSE 18

Die Ansichtsskizze zeigt die Gesamtauslegung des Fahrzeugs. Die Panzerwagen hatten Vierradantrieb. Die Besatzung bestand aus 7 bis 9 Mann.

36399

364

Der Aufbau des Daimler-Fahrzeuges glich weitgehend der Benz-Ausführung. 31 dieser Fahrzeuge wurden gebaut.

Der Ehrhardt-»Sonderwagen/21« war den Kriegstypen dieser Firma sehr ähnlich. Lediglich geringfügige Änderungen waren vorgenommen worden.

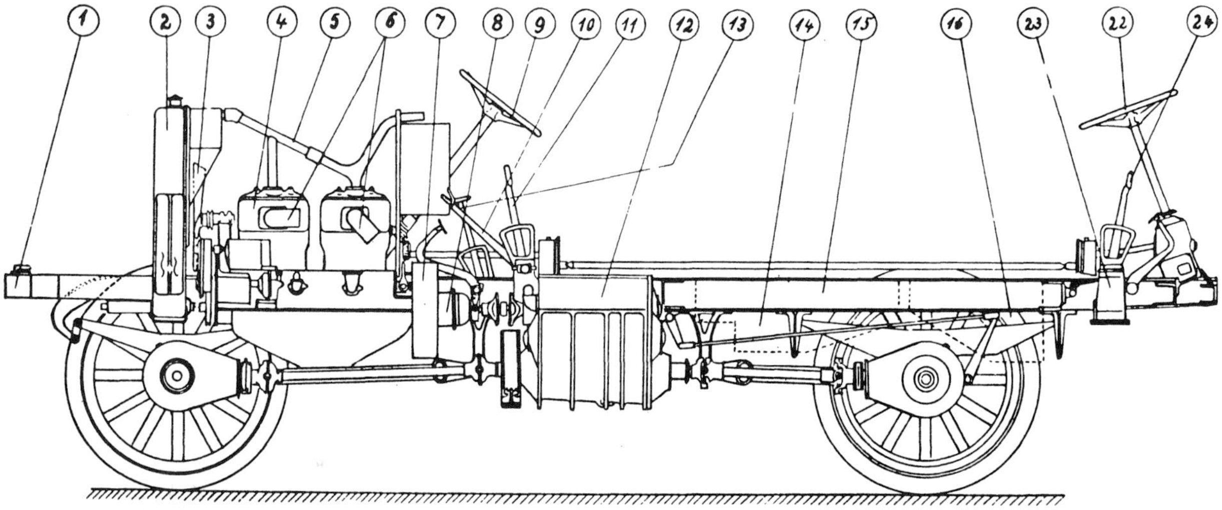

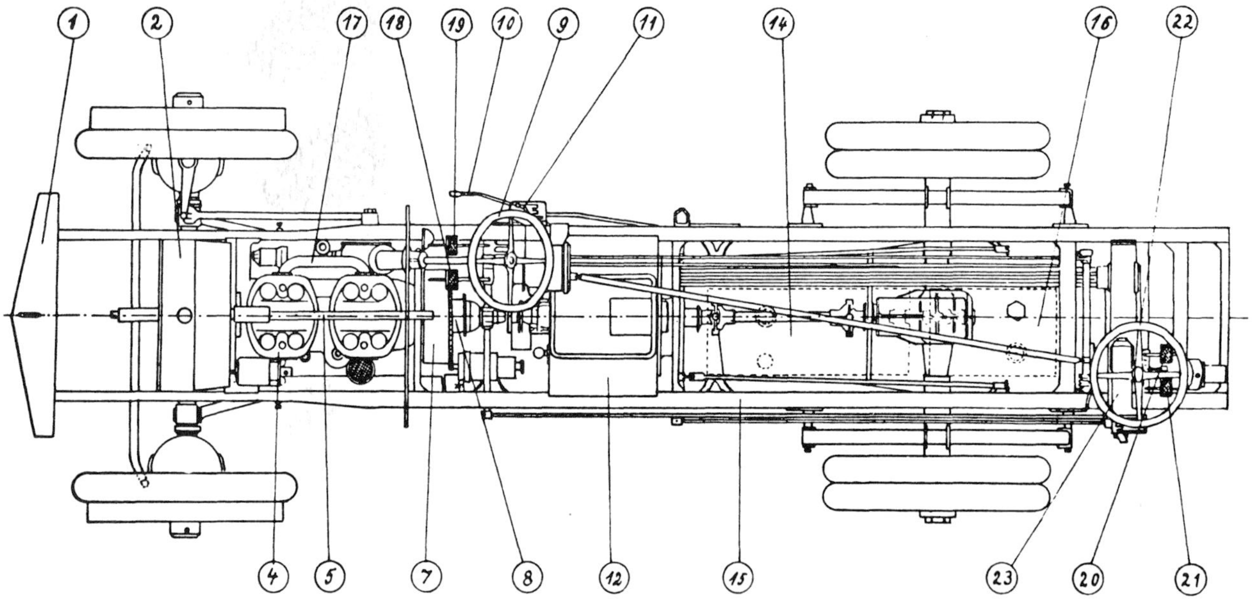

1	Rammbock vorn.	7	Schwungrad.	13	Handhebel z. Fahrtrichtungs-Schaltg.	19	Fußhebel z. Bremse vorn.
2	Kühler.	8	Lamellenkupplung.	14	Brennstoffbehälter vorn.	20	" " Kupplung hinten.
3	Windflügel.	9	Lenkung vorn.	15	Fahrgestell-Längsträger.	21	" " Bremse "
4	Antriebsmotor.	10	Handhebel zur Bremse vorn.	16	Brennstoffbehälter hinten.	22	Lenkung hinten.
5	Kühlerwasserrohr.	11	" " Gangschaltung vorn.	17	Vergaserrohr.	23	Schaltung "
6	Auspuffrohr.	12	Wechselgetriebe.	18	Fußhebel z. Kupplung vorn.	24	Handhebel z. Gangschaltg. hinten.

Der Fahrbereich betrug wiederum 350 km.
Gemäß den gegebenen Richtlinien stimmten die Aufbauten für diese Fahrzeuge im wesentlichen völlig überein. Abweichungen ergaben sich lediglich durch die verschiedenen Maße der Fahrgestelle. Die Bewaffnung, zwei MG 08, war in zwei diagonal angeordneten, auf Kugellager laufenden Drehtürmen untergebracht. Die Achsen der Drehtürme waren derart angeordnet, daß der seitlich sitzende Fahrer in der Beobachtung nach keiner Seite hin beeinträchtigt wurde und bei der vorgesehenen Achsenentfernung der entstehende tote Winkel bei der Bestreichung des Horizonts gleich Null war. Dies wurde durch einen nicht starren Einbau der MG's in die Türme erreicht, die außer der Drehung des Turmes noch ein eigenes Seitenrichtfeld von rund 30° besaßen. Die Feuerhöhe der Türme vom Boden war so gering bemessen, daß ein im Abstand von einem Meter vor dem Fahrzeug aufrecht stehender Mann durch den Kopf geschossen werden konnte. Neben den beiden Fahrern und in den beiden Seitenwänden waren je eine MG-Schießscharte angeordnet, in die ohne weiteres MG ein-

Aufbaumäßig ergaben sich die gleichen Abmessungen wie bei den Benz- und Daimler-Fahrzeugen.

Insgesamt wurden 30 Stück dieser Fahrzeuge gefertigt.

zubauen waren. Um auch Flankenfeuer zu gewährleisten, kam unter den MG-Türmen rechts und links je ein Erker mit Schießscharten für Maschinenpistolen zur Anordnung. An den parallelen Seitenwänden war außerdem noch je eine weitere Öffnung zum Feuern mit Karabiner oder Pistole vorgesehen. Zwischen den MG-Türmen war ein Kommandoturm angebracht, wodurch der Kommandant in unmittelbarer Nähe der beiden MG-Schützen und Fahrer stand und die Sprachrohrleitungen sehr kurz blieben. Außerdem bildete der Kommandoturm eine Sperre für die beiden MG-Türme, welche ein gegenseitiges Beschießen ausschloß. Der Kommandoturm überragte beide MG-Türme und war in der Höhe so bemessen, daß in ihm ein Mann aufrecht stehen konnte, wodurch dem Kommandanten ein unbeeinträchtigter Rundblick möglich war. Der Turm selbst hatte eine sechseckige Form, die nicht nur größere Abmessungen ergab, sondern auch gebogene Panzerbleche vermied. Die kegelförmig abgeschrägte Turmdecke ließ aufgelegte Handgranaten wirkungslos abrollen.

An jeder Längsseite war eine Tür angeordnet, und zwar rechts in der Parallelwand und links in einer Schrägwand des Erkers. Für Fahrer und Beobachter waren ringsherum Sehschlitze vorgesehen. Motor und Kühler befanden sich unter einer besonderen Panzerhaube, deren Seitenwände unmittelbar am Fahrzeugrahmen lagen und somit ein vollkommenes Einschlagen der Vorderräder zuließen. Die Decke der Panzerhaube konnte für Reparaturzwecke abgenommen werden. Um genügend Kühlluft zu erhalten, waren seitliche Klappen vorgesehen und an der vorderen Stirnwand eine Panzer-Jalousie angebracht, die zum Schutze des Kühlers aus dem Wageninnern geschlossen werden konnte. Die Abführung der Warmluft erfolgte durch eine Entlüftungsanlage nach beiden Seiten und nach oben. Eine Ventilation des Kampfraumes erübrigte sich, da dieser vom Motorraum durch eine Spritzwand völlig getrennt war. Um im Notfall eine geschützte Zugangsmöglichkeit zum Motor vom Kampfraum aus zu haben, konnte ein gepanzerter Schacht aus der vorderen Stirnwand des Kampfraumes und der Decke der Motorhaube herausgeklappt werden. Zudem war ein Teil der Spritzwand ebenfalls umlegbar.

Kupplung, Getriebe und Kraftstoffbehälter lagen innerhalb der Panzerung, welche auch nach unten völlig abgeschlossen war und so Schutz gegen Handgranaten und Splitter bot. Die Auspuffleitung lag abgedeckt außerhalb des Fahrzeuges. Zur Lüftung der Aufbauten waren die Deckel der MG-Türme mit großen, umlegbaren Platten versehen. Während Klappen die Zugangsmöglichkeit zu sämtlichen Schmierstellen boten, sicherten kreisförmige Panzerscheiben die Bereifung der Räder. Für Vorwärts- und Rückwärtsfahrt waren Scheinwerfer in Panzerkisten vorhanden, weitere vertikal bewegliche Scheinwerfer lagen zur Schußfeldbeleuchtung über den MG-Türmen.

Um ein möglichst geringes Gesamtgewicht zu erzielen, wurde als Panzermaterial hochwertiger Chromnickelstahl verwendet. Dazu wurden die rohen Platten von verschiedenen deutschen Stahlfirmen bezogen und von den Deutschen Werken in Kiel in einer für diese Zwecke besonders erbauten Anstalt nach der mechanischen Formgebung vergütet und gehärtet. Die Legierung für Chromnickelstahl besaß bereits nach der Schmelzung eine große Härte, und es war notwendig, die ausgewalzten Bleche auszuglühen, um ihnen die zur Bearbeitung notwendige Weichheit zu geben. Die ausgeglühten Bleche besaßen eine Festigkeit von 75 kp pro qmm und boten somit die Möglichkeit, auf mechanischem Wege durch Bohren, Fräsen und Hobeln in die gewünschte Form gebracht zu werden.

Das mechanisch fertig bearbeitete Blech erhielt dann ein Härte- und Anlaßverfahren, also durch eine besondere Wärmebehandlung die erforderliche Schußfestigkeit. Man erreichte dies dadurch, daß man Bleche oben angegebener Legierung in einem besonderen Gasofen gleichmäßig auf etwa 850° erwärmte und sie dann in einem Ölbad abkühlte. Die so behandelten Bleche wiesen eine außerordentliche Härte – ihre Festigkeit betrug ca. 200 kp per qmm – auf. Um den größeren Schußwiderstand zu erzielen, mußte das Material nachgelassen werden, was dadurch geschah, daß man die Platten noch einmal auf etwa 230° erwärmte und sie dann an der Luft erkalten ließ. Die so behandelten Platten zeigten eine gelbe Anlaßfarbe und besaßen eine Festigkeit von

etwa 170 bis 180 kp per qmm. Die bei so großer Festigkeit der Panzerplatten vorhandene »größte Schußsicherheit« wurde vermindert, sobald man eine solche Platte irgendeiner erneuten Wärmebehandlung unterzog.
Die Schupo-Sonderwagen besaßen eine Panzerung, deren senkrechte Platten mit 12 mm Stärke Schutz gegen S.m.K.-Munition auf 25 m boten. Unterhalb des Rahmens betrug die Stärke der senkrecht stehenden Platten nur 7 mm, bot aber genügend Schutz, da die Maschinenteile teils in Gehäusen gelagert waren, teils durch ihre Form und Festigkeit dem nach Durchschlagen einer 7-mm-Platte in seiner Wirkung geschwächten Geschoß selbst genügend Widerstand boten. Durch Schrägstellung der Platten wurde der Schußwiderstand außerordentlich vergrößert, daher wurden alle am Aufbau befindlichen, schräggestellten Platten geringer bemessen. Die horizontal liegenden Deckplatten betrugen 6 mm, der Boden bestand aus 4-mm-Blechen, die genügend Schutz gegen untergeworfene Handgranaten boten.
Die Firma Martini & Hünecke, Maschinenbau AG, in Berlin fertigte die Panzergehäuse (lt. Zeichnung Nr. P. 1073/2 vom 20. 4. 1921), wobei neben der Chromnickellegierung auch nickelfreier Panzerstahl von 10 mm Stärke erwogen wurde. Der Provisionsanteil der Herstellerfirma betrug pro Panzerung 3000 Mark. Das Gesamtpanzermaterial (ohne Türme) wog rund 2650 kp, die Verbindungen und Befestigungen der Panzerung einschließlich der Beschläge rund 700 kp. Die zwei MG- und der Kommandantenturm wogen zusammen ca. 900 kp.
Durch die schwierige ökonomische Lage zu dieser Zeit zog sich der Bau dieser Fahrzeuge so in die Länge, daß die Mehrzahl der Wagen erst im Jahre 1924, der Rest 1925 fertiggestellt werden und den Schutzpolizeiverwaltungen der Länder übergeben werden konnte.
1928 standen 72 dieser Fahrzeuge im Dienste der preußischen Schutzpolizei, 38 weitere bei Polizeieinheiten anderer deutscher Länder.
Die der Reichswehr zugebilligte Quote von 105 gepanzerten Mannschaftstransportwagen wurde wegen des geringen Einsatzwertes dieser Fahrzeuge nicht ausgenützt. Sie kamen u. a. bei der 1. Kompanie der 3. Preußischen Kraftfahrabteilung in Berlin-Lankwitz zum Einsatz. Einige dieser Fahrzeuge wurden als gepanzerte Funkwagen verwendet.
Ab 1930 entschloß sich das Heereswaffenamt zum Bau von Panzerkraftwagen auf handelsüblichen Sechsradfahrgestellen, nachdem 1927 bis 1928 bereits Versuche mit Spezial-Achtrad- und Zehnradfahrgestellen stattgefunden hatten. Die Straßenpanzerwagen der Polizei bzw. der Reichswehr wurden als Ausbildungsbehelf noch von der Wehrmacht aufgebraucht.

Vielradwagen

Die Notwendigkeit, gepanzerte Erkundungsfahrzeuge neu zu schaffen, war vor allem dadurch gegeben, daß die vorhandenen gepanzerten Mannschaftstransportfahrzeuge auf dem Daimler-»DZRV«-Fahrgestell in keiner Weise den Vorstellungen des Reichswehrministeriums entsprachen. 1926/27 wurden daher neue Forderungen entwickelt, die ihren Niederschlag in den 1927 erscheinenden Baubedingungen für Vielradwagen fanden. Dabei wurde u. a. folgendes festgelegt: Die Fahrzeuge sind als Radfahrzeuge auszulegen. Auf guter, ebener Straße war eine Höchstgeschwindigkeit von 65 km/h gefordert, während die kleinste Geschwindigkeit 5 km/h bei normaler Drehzahl betragen sollte. Eine Tagesleistung von 200 km bei 32 km/h Durchschnittsgeschwindigkeit mußte während dreier aufeinanderfolgender Tage gewährleistet sein. Das Fahrzeug sollte eine möglichst große Geländegängigkeit besitzen. Der spezifische Bodendruck durfte bei einem Einsinkwinkel von höchstens 80° 0,7 kp/qcm nicht überschreiten. Das Fahrzeug mußte Steigungen von 1:3 auf gewachsenem Boden überwinden können. Das Fahrzeug mußte Gräben von 1,5 m Breite ohne Anwendung besonderer Hilfsmittel und ohne jeden Aufenthalt glatt überfahren können. Das Fahrzeug mußte Wasserläufe von 1 m Tiefe durchwaten können. Das Fahrzeug sollte gleichmäßig vor- und rückwärts fahren können. Für jede Fahrtrichtung war eine besondere Lenkung vorzusehen. Die Umstellung von einer Fahrtrichtung zur anderen

1926/27 erließ das Reichswehrministerium Forderungen über gepanzerte Erkundungsfahrzeuge, die als Vielradfahrzeuge ausgelegt werden sollten. Auch wurde zu Beginn der Entwicklung Schwimmfähigkeit verlangt. Büssing-NAG in Braunschweig schuf ein Zehnradfahrzeug.

mußte innerhalb von zehn Sekunden vom Fahrer durchzuführen sein. Der Halbmesser des Wendekreises durfte nicht mehr als vier Spurweiten betragen. Bei seiner Fortbewegung durfte das Fahrzeug nur geringes Fahrgeräusch verursachen. Das Gewicht des Fahrgestelles durfte 4 t, das Gesamtgewicht des betriebsfertigen Fahrzeuges mit Aufbau 7,5 t nicht überschreiten. Die Bodenfreiheit sollte 300 mm betragen.
Das Fahrzeug sollte auf freier Strecke Eisenbahnnormalspur verwenden können. Besondere Vorkehrungen für diese Forderung waren nicht zu treffen. Jedoch war die Spurweite so zu bemessen, daß das Fahrzeug mit seinen inneren Sandfelgen auf den Schienen laufen konnte. Die ursprünglich verlangte Schwimmfähigkeit wurde später fallengelassen, obwohl alle Typen zunächst schwimmfähig waren. Die Besatzung bestand aus dem Kommandanten, dem Fahrer, 2 Schützen und dem Funker. Die weiteren Punkte der Baubedingungen betrafen technische Einzelheiten wie Motor, Getriebe, Lenkung, Bremsen, Federung und Bereifung.
Eine Besprechung im Wehramt am 14. 3. 1928 über das Kraftfahr-Rüstungsprogramm ergab bei den Panzerkraftwagen folgendes Beschaffungsprogramm: Bis Frühjahr 1928 die Beschaffung von 6 Versuchsfahrzeugen, deren Erprobung bis Ende 1929 gehen sollte. Ab 1929 die Beschaffung von 2 bis 4 Versuchsfahrzeugen und die Entwicklung eines Einheits-Panzerkraftwagens bis 1930. Ab 1931 dann Beginn der Beschaffung für die Aufstellung der Panzerkraftwagen-Kompanien (je 9 bis 11 Wagen). Geldbedarf für 7 Jahre je 1 Million Mark für je eine Kompanie. 1929 wurden 36 Pan-

zerkraftwagen, davon 4 Probestücke, für 3 600 000 Mark als Kostenansatz im Haushaltsplan aufgenommen.

Die Aufträge für die sechs Versuchsfahrzeuge wurden 1927 durch das Reichswehrministerium/Heereswaffenamt, Prüfwesen 6, an die Firmen C. D. Magirus in Ulm, Büssing-NAG in Braunschweig und Daimler-Benz AG in Stuttgart vergeben. Jede dieser Firmen hatte zwei Prototypen herzustellen.

Die Firma Magirus schuf ein Achtradfahrzeug, welches mit einem 100-PS-6-Zylinder-Maybach-Vergasermotor ausgerüstet war. Die Höchstgeschwindigkeit betrug auf ebener Straße 90 km/h. 3 m breite Gräben konnten überwunden werden.

Im Gegensatz zum Magirus-Fahrzeug war der Prototyp der Büssing-NAG als Zehnradfahrzeug ausgelegt. Ein 150-PS »V« 8-Motor wurde verwendet.

Die Daimler-Benz AG stellte ihren Typ »MTW I« (auch als »ARW« bezeichnet) in Einzelteilen in Untertürkheim her, der Zusammenbau erfolgte jedoch in Berlin-Marienfelde. Ein 100-PS-6-Zylinder- »M 36«-Vergasermotor kam zum Einbau. Ursprünglich wurde ein DB-Wendegetriebe verwendet, welches später durch ein ZF-Aphon-Wendegetriebe mit je vier Gängen ersetzt wurde. Das Getriebe hatte fernerhin eine Geländeuntersetzung.

Das Fahrzeug hatte acht an Pendelachsen aufgehängte angetriebene Räder. Alle Räder waren nach einer genauen Lenkgeometrie gelenkt.

Für die Herstellung der selbsttragenden Aufbauten war die Firma Martini & Hüneke in Salzkotten verantwortlich. Die Panzerung war leicht (13,5 mm rundum) und durch geschickte Winkelstellung immun gegen Beschuß durch schwere Maschinengewehre. Größtenteils wurden die Teile der Panzerung noch durch Verschraubung oder Vernietung verbunden, denn die erwünschten Verbindungen durch Schweißung herzustellen, galt bei den erforderlichen Festigkeiten als fast unmöglich. Um die Schwimmfähigkeit zu erreichen, wurden die Fahrzeuge teilweise mit zusätzlichen Korkaufbauten versehen, welche nicht nur einen erhöhten Auftrieb vermittelten, sondern gleichzeitig zur Tarnung der Fahrzeuge dienten. Der Antrieb im Wasser erfolgte durch einen zweiflügligen Propeller von ca. 800 mm Durchmesser. Lenken im Wasser durch Radeinschlag. Die hintere Lenkung war so ausgelegt, daß die hintere Lenksäule und alle Hand- und Fußhebel abnehmbar waren. Dies geschah hauptsächlich, um die Aufmerksamkeit der Interalliierten Kontrollbeamten abzulenken.

1928/29 beschäftigte sich die Rheinmetall in Düsseldorf mit der Entwicklung eines Drehturmes für diese Erkundungswagen. Ein Versuchsstück wurde gefer-

Das Büssing-NAG-Fahrzeug bei Schwimmversuchen. Es wurden lediglich zwei Prototypen gefertigt.

Die Lenkung dieser Fahrzeuge erfolgte nach Art der Kettenfahrzeuge und zwar wurden die Räder einer Fahrzeugseite gemeinsam abgebremst, was einen hohen Reifenverschleiß zur Folge hatte.

Das Fahrzeug der Daimler-Benz AG war als Achtradfahrzeug ausgelegt und wurde ebenfalls in zwei Exemplaren gebaut. Die Bilder zeigen das Holzmodell des Fahrzeuges.

Der selbsttragende Aufbau aus Panzerstahl wurde von der Firma Martini-Huenecke in Salzkotten gefertigt. Die Aufbauten für die Daimler-Benz- und Magirus-Fahrzeuge waren weitgehend ähnlich.

tigt und mit einer 3,7-cm-Kanone L/45 und einem MG bestückt. Bei einem Seitenrichtfeld von 360° ergab sich eine Höheneinstellung von –10° bis +70°.

Der Stand der Versuche am 1. 1. 1930 ergab, daß der Achtradwagen Daimler sowie der Zehnradwagen Büssing vor dem Abschluß standen. Der endgültige Abschluß des Truppenversuches war für Spätherbst 1930 vorgesehen. Für 1930/31 waren 250 000 Mark, 1931/32 275 000 Mark für ihre Weiterentwicklung vorgesehen. Die Zuweisung der Mittel hing jedoch davon ab, inwieweit bei positiven Ergebnissen in der Beschaffung der ersten Fahrzeuge in den Truppenversuch eingetreten werden konnte. Zur Weiterentwicklung der ersten Versuchsfahrzeuge und Beseitigung von auftretenden Mängeln waren Mittel aus den kommenden Rechnungsjahren notwendig.

Die ersten Fahrzeuge wurden nach eingehenden Versuchsfahrten Ende 1930, Anfang 1931 von der Reichswehr übernommen. Eines dieser Fahrzeuge ging zu weiteren Versuchen zur Panzerversuchsanstalt nach Kasan in Rußland. Infolge der ungünstigen Wirtschaftslage der Jahre 1929/30 war weder die Aufnahme der Fabrikation dieser allradgetriebenen Spezialfahrzeuge noch eine Übertragung dieses technischen Fortschrittes auf Fahrzeuge der Wirtschaft möglich. Eine Unterredung mit Regierungsbaurat Rei-

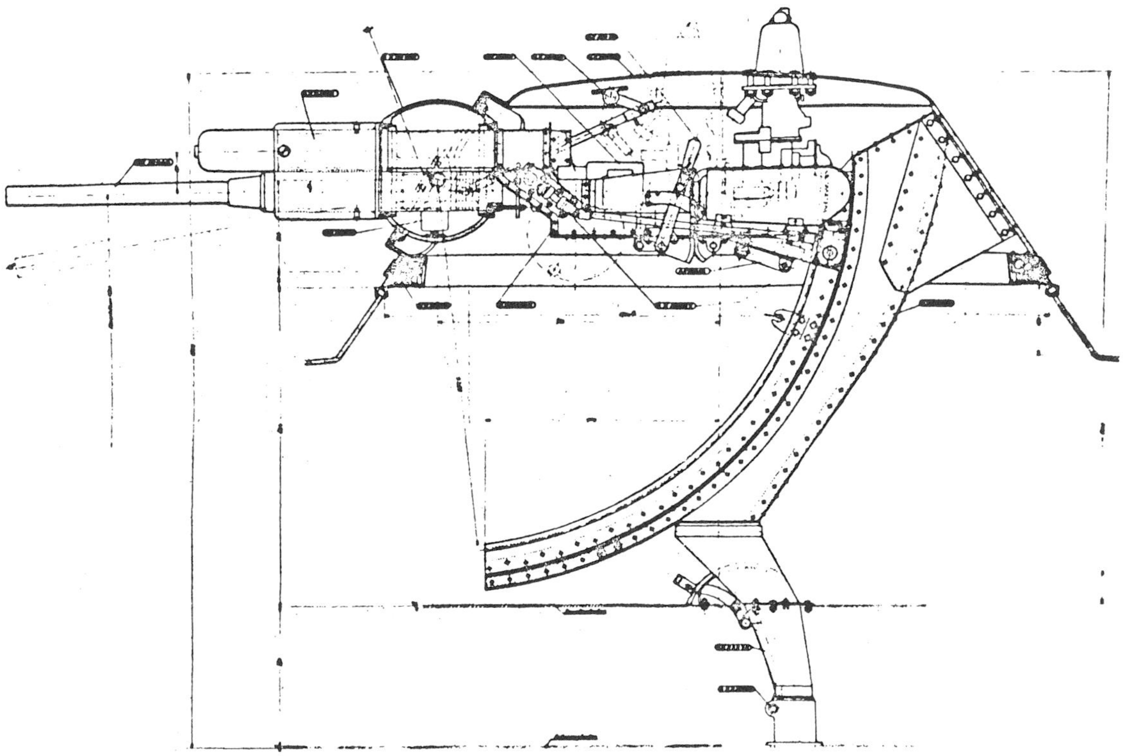

Rheinmetall entwickelte zu dieser Zeit einen Drehturm für den Erkundungswagen, der mit einer 3,7-cm-Kanone L/45 und einem MG bestückt werden sollte.

Zwei Prototypen des Daimler-Benz-Typs »ARW« wurden eingehend erprobt und bildeten die Grundlage für die erst später erscheinenden Vielradfahrgestelle der Firma Büssing-NAG.

Um die Schwimmfähigkeit der Fahrzeuge zu erhöhen, wurde über dem Panzeraufbau ein Korkbezug angebracht, der gleichzeitig auch der Tarnung dieser zu jener Zeit verbotenen Fahrzeuge diente.

Das Fahrzeug der Firma C. D. Magirus, welches mit einem 6-Zylinder-100-PS-Maybach-Motor ausgerüstet wurde. Die damalige Kassenlage des Reiches machte eine Serienfertigung dieser Fahrzeuge unmöglich.

mann von Waffenprüf 6 am 18. 3. 1930 ergab, »daß Beschaffungen dieser Fahrzeuge bis auf weiteres noch nicht in Frage kämen, da bei jetziger Kassenlage des Reiches, Fahrzeuge dieser Art und Größe zu teuer erschienen«.

Gepanzerte Kleinkraftwagen

Um den Aufklärungseinheiten neben den schweren Panzerspähwagen auch leichte und besser bewegliche Fahrzeuge zur Verfügung zu stellen, wurden sogenannte gepanzerte Kleinkraftwagen in die Planung aufgenommen. Dabei ergaben sich nach Stand der Arbeiten und Entwicklungsgang vom 3. 2. 1932 zwei Fahrzeugtypen. Der leichtere basierte auf dem »3/15«-Fahrgestell der Bayerischen Motorenwerke AG, welche in Eisenach den englischen »Austin-Seven« nachbauten. Die Reichswehr beschaffte 1928 24 Stück dieser Kleinkraftwagen Dixi für 80 000 Mark. Weitere Aufträge folgten. Sie wurden teilweise als Panzerattrappen verwendet, aber auch als leichte Erkundungsfahrzeuge eingesetzt. Die vorgesehene behelfsmäßige Panzerung war laut Stand der Versuche vom 1. 1. 1930 noch in der Entwicklung. Bei der vorhandenen Nutzlast von rund 210 kp ließ sich sowieso nur eine teilweise Panzerung realisieren.

Der Typ »3/15 PS« der Bayrischen Motorenwerke AG wurde als leichtes Erkundungsfahrzeug mit behelfsmäßiger Panzerung versehen. Diese Versuche führten zu keinem brauchbaren Ergebnis.

Das schwerere der beiden Fahrgestelle war der von den Adlerwerken in Frankfurt gebaute Typ »Standard 6«. Entwicklungsfirma für die gepanzerten Kleinkraftwagen war die Daimler-Benz AG in Berlin-Marienfelde. Die Panzeraufbauten kamen größtenteils von der Deutschen Edelstahl AG in Hannover-Linden. Das oben offene Panzergehäuse war aus 8 mm starken Platten zusammengeschweißt, die teilweise ballistisch abgeschrägt waren. Zwei Ausführungen wurden ab 1932 offiziell in die Inventur aufgenommen, und zwar ein »Maschinengewehrkraftwagen (Kfz. 13)«, welcher bei zwei Mann Besatzung ein MG 13, teilweise hinter Panzerschild, führte. Der »Funkkraftwagen (Kfz. 14)« hatte eine Besatzung von 3 Mann, aber keine Bewaffnung. Das gleiche Fahrgestell wurde ebenfalls für eine Panzerattrappe verwendet.

Bei der Ausbildung bei den Kavallerie-Regimentern leisteten diese Fahrzeuge bis zur Einführung des leichten Panzerspähwagens auf Einheitsfahrgestell im Jahre 1935 wertvolle Dienste. Teilweise wurden diese Panzerfahrzeuge noch 1939 im Frontdienst verwendet und dann nach und nach als Ausbildungsfahrzeuge aufgebraucht.

Die Firma Daimler-Benz AG in Berlin Marienfelde schuf 1932/33 diesen »Maschinengewehrkraftwagen« (Kfz. 13) auf Adler-»Standard 6«-Fahrgestell, der als Ausbildungsbehelf noch in den ersten Kriegsjahren zum Einsatz kam. Ein MG 13 war eingebaut.

Eine Kolonne leichter gepanzerter Kraftwagen der Reichswehr im Manöver. Die Fahrzeuge leisteten wertvolle Hilfe bei der Ausbildung.

Die unbewaffnete Ausführung dieses Fahrzeuges lief als »Funkkraftwagen« (Kfz. 14). Sie hatte eine abklappbare Rahmenantenne zur Funkverbindung innerhalb der neuaufgestellten Panzer-Aufklärungsverbände.

Leichte Panzerspähwagen mit Einheitsfahrgestell I für schweren Personenkraftwagen

Im Rahmen der Entwicklung von »Einheits«-Personenkraftwagen-Fahrgestellen für Heereszwecke ergab sich 1934 die Forderung nach zwei Ausführungen für eine schwere Ausführung innerhalb dieses Programmes. Dabei wurde die Ausführung I des Einheitsfahrgestelles für schwere Personenkraftwagen ausschließlich als Träger für gepanzerte Aufbauten bestimmt.
Das Fahrgestell wurde ausschließlich von der Auto-Union AG, Werk Horch, gefertigt und trug die Typenbezeichnung »Horch 801«. Das Fahrgestell besaß folgende Hauptmerkmale:

Heckmotor (Horch-V 8-Motor, 3,5 l später 3,8 l)
4-Rad-Lenkung, umschaltbar auf 2-Rad-Lenkung für Straßenfahrt mit Geschwindigkeiten über 25 km/h
Allradantrieb
4-Gang-Wechselgetriebe mit Geländegang und Verteilergetriebe (Umlaufgetriebe), Fernschaltung,
Einzelfederung durch je zwei Schraubenfedern
(ab 1940) Ausrüstung für Tropen

Die Gesamtentwicklung des leichten Panzerspähwagens und Abarten lag in den Händen der Firma Eisenwerke Weserhütte in Bad Oeynhausen. Der Aufbau war aus Einzelblechen schußsicher miteinander verschweißt. Die Bleche waren zur Hauptschußrichtung schräg gestellt und gegen waagerechten Beschuß SmK-sicher. Der Panzer schützte das gesamte Fahrzeug und die Besatzung. Die Besatzungsstärke war je nach Verwendung verschieden. Der Panzeraufbau selbst bestand aus mehreren Teilen. Der vordere Panzer überdeckte den Raum für den Panzerfahrer sowie den Kampfraum, der hintere Panzer Motor und Kühlanlage. Der Vorderradantrieb und die Schwingenlagerung der Vorderräder wurden durch den vorderen Bodenschutz abgedeckt. Der hintere Bodenschutz war wannenförmig ausgebildet und schützte Motor und den Hinterradantrieb. Außerdem waren die Lager der Vorder- und Hinterräder durch aufgeschraubte und abnehmbare Scheiben aus Panzerblech gegen seitlichen Beschuß geschützt. Zum Schutz gegen Handgranaten-Einwurf war der hintere Panzer durch ein Schutzgitter abgedeckt. Die beiden Kraftstoffbehälter lagen unmittelbar hinter der Trennwand neben dem Motor und füllten den Eckraum zwischen den oberen und unteren seitlichen Panzerwänden aus.
Von 1935 bis 1940 stellten die Horch-Werke AG in Zwickau den Fahrgestelltyp »801/EG I« her, der mit dem Horch-3,5-l-V 8-Motor sowie mit mechanischen Bremsen ausgerüstet war. Das betriebsfertige Fahrgestellgewicht betrug 2050 kp.
Der von 1941 bis 1943 folgende Fahrgestelltyp »801/v« (ab Fahrgestell-Nr. 8 110 001/Motor-Nr. 3 880 001) hatte ein verstärktes Einheitsfahrgestell mit hydraulischem Bremssystem und dem 3,8-l-Horch-Motor. Das betriebsfertige Eigengewicht des Fahrgestelles betrug, wenn nach Gruppe III entstört, 2030 kp, bei Entstörung nach Gruppe I 2070 kp.
Die Entstörung von Kraftfahrzeugen erfolgte nach 2 Gruppen: Gruppe I war vollentstört, Gruppe III war einfachentstört. Bei der Vollentstörungsgruppe I war zu unterscheiden:

Vollentstörung B Gruppe I für Kfz mit Sammlerzündung
Vollentstörung M Gruppe I für Kfz mit Magnetzündung
Vollentstörung D Gruppe I für Kfz mit Dieselmotoren

Eine Teilentstörung, Gruppe II, gab es nur für Kfz mit Magnetzündung. Je nach Aufbau wurden die Einheitsfahrgestelle nach Gruppe I oder III entstört.
Bei der ursprünglichen Planung für den leichten Panzerspähwagen waren fünf Grundmodelle vorgesehen, welche die Einsatzmöglichkeiten bestimmten. Dabei handelte es sich um den

leichten Panzerspähwagen (MG) (Sd. Kfz. 221)
leichten Panzerspähwagen (2 cm) (Sd. Kfz. 222)
leichten Panzerspähwagen (Fu) (Sd. Kfz. 223)
kleinen Panzerfunkwagen (Sd. Kfz. 260) und
kleinen Panzerfunkwagen (Sd. Kfz. 261)

Mit dem ursprünglichen Fahrgestell »801/EG I« wurden sämtliche Abarten des leichten Panzerspähwagens als Ausführung A bezeichnet. Das Gesamtgewicht der Fahrzeuge ging bis zu 4,8 t. Der folgende Fahrgestelltyp »801/v« lief als Ausführung B mit einem Gesamtgewicht bis zu 5 t.

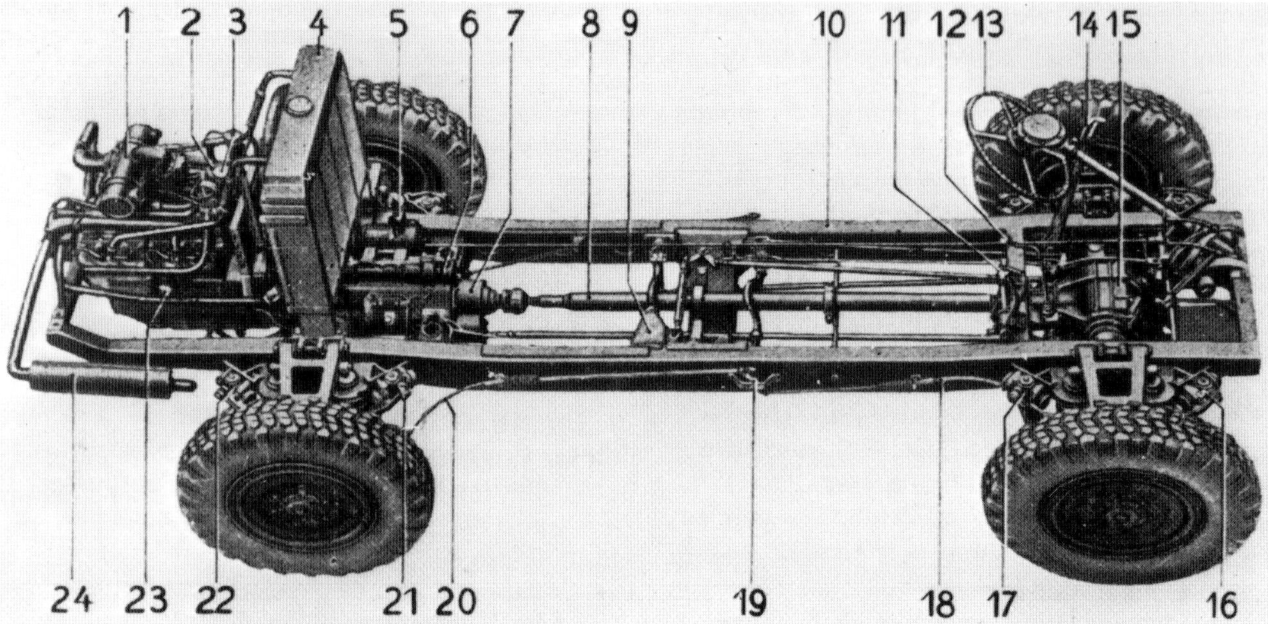

Bild 1. **Einheitsfahrgestell I für s. Pkw.**
(Ansicht von oben)

1 Naßluftfilter
2 Zündverteiler
3 Zündspulen
4 Kühler
5 Lichtmaschine mit Regler
6 Wechselgetriebe
7 Gehäuse für Doppelfreilaufsperre
8 Längsgelenkwelle
9 Vierradlenkung-Umschaltung
10 Fahrgestellrahmen
11 Schalthebel für Lenkumschaltung

12 Schalthebel f. Wechselgetriebe
13 Lenkrad
14 Handbremshebel
15 Vorderradantrieb
16 Stoßdämpfer, vorderer } vorn
17 Stoßdämpfer, hinterer } vorn
18 Bremsseilzug für Vorderrad
19 Bremsquerwelle
20 Bremsseilzug für Hinterrad
21 Stoßdämpfer, vorderer } hinten
22 Stoßdämpfer, hinterer } hinten
23 Öleinfüllstutzen (Motor)
24 Auspufftopf

Das ab 1934 in der Entwicklung liegende »Einheitsfahrgestell I« für schwere Personenkraftwagen. Diese Ausführung war ausschließlich als Träger gepanzerter Aufbauten vorgesehen.

Einer der ersten Prototypen des leichten Panzerspähwagens (MG) (Sd. Kfz. 221) der Firma Eisenwerke Weserhütte. Beachte die Aufbauerhöhung über dem Panzerfahrer. Das MG ist zur Fliegerabwehr ausgezogen.

Der Produktionstyp hatte ein gerade durchgeführtes Aufbaudach. Die Panzerbleche zum Schutz der Radlager sind gut erkennbar.

Die ersten, 1935 vorgestellten Prototypen der Eisenwerke Weserhütte zeigten im Aufbau eine Erhöhung über dem Fahrersitz, um eine ausreichende Kopffreiheit zu erreichen. Bei der Produktionsausführung war das Aufbaudach gerade durchgeführt. Die einzelnen Ausführungen der Aufbauten waren in Einzelheiten verschieden ausgeführt, die den betreffenden Verwendungen angepaßt wurden.

Grundfahrzeug war der leichte Panzerspähwagen (MG) (Sd. Kfz. 221), den die Firma Eisenwerke Weser-

Die Vorderansicht des Sd. Kfz. 221 zeigt den niedrigen Gesamtaufzug des Fahrzeuges.

Zum Schutz gegen Einwurf von Handgranaten war der oben offene Turm des Fahrzeuges durch Gitterklappen abgedeckt.

Ein leichter und ein schwerer (6-Rad) Panzerspähwagen der Heeresgruppe Guderian während des Frankreich-Feldzuges 1940.

hütte in Bad Oeynhausen montierte. Das 4 t schwere Fahrzeug hatte zwei Mann Besatzung. Im oben offenem Drehturm war ein MG 34 untergebracht, für welches 1050 Schuß Munition mitgeführt wurden. Der Drehturm schützte den Panzerführer bis über Augenhöhe gegen Beschuß. Er war um 360° drehbar und bestand aus Schildmantel und Tragring. Zum Schutz gegen Einwurf von Handgranaten war der Turm, soweit es die Bewegungsfreiheit des Schützen zuließ, durch Gitterklappen abgedeckt. Zu Beginn des Krieges wurde vereinzelt auch die Panzerbüchse 39 neben dem MG im Drehturm des Fahrzeuges untergebracht. 1941 hatte das Waffenamt den Auftrag erteilt, die Sd. Kfz. 221 soweit wie möglich auf die schwere Panzerbüchse 41 umzubewaffnen. Die Stärke der Panzerbleche betrug vorne bis zu 14,5 mm, seitlich 8 mm.

Als Unterstützungsfahrzeug war der leichte Panzerspähwagen (2 cm) (Sd. Kfz. 222) vorgesehen, dessen Montage von den Firmen F. Schichau in Elbing und Maschinenfabrik Niedersachsen-Hannover übernommen worden war. Die eingebaute 2-cm-Sockellafette trug eine 2-cm-KwK sowie ein MG 34. Sie war für Erd- und Fliegerbeschuß eingerichtet. Der Richtbereich betrug seitlich 360°, Höhenrichtung war von –7

Ein Sd. Kfz. 221 nach Umbewaffnung auf die 2,8 cm schwere Panzerbüchse 41. Vereinzelt war auch die Panzerbüchse 39 eingebaut worden.

Als Unterstützungsfahrzeug wurde der leichte Panzerspähwagen (2 cm) (Sd. Kfz. 222) eingesetzt. Vorne am Fahrzeug waren Nebelkerzen angebracht, die ein Absetzen des Fahrzeuges erleichterten.

bis $+80°$ gegeben. Die Besatzung des Fahrzeuges bestand aus drei Mann, dem Panzerfahrer, dem Panzerführer (gleichzeitig Ladekanonier) und dem Richtschützen. Die Sockellafette ruhte beiderseitig auf dem Fahrgestellrahmen und war mit diesem fest verschraubt. Der Sockel selbst bestand aus dem feststehenden Sockelfuß und der drehbaren Tragplatte. Eine Oberlafette war auf die Tragplatte aufgeschraubt und diente zur Lagerung der Wiege. Die Wiege wiederum war der eigentliche Träger der Waffen und Zieleinrichtungen. Seiten- und Höhenrichtmaschinen wurden von Hand betätigt. Die Sitze für Panzerführer und Richtschützen wurden von 2 Tragrohren gehalten, die an der Tragplatte des Sockels befestigt und nach der Oberlafette abgestützt waren. Der Schutzschild sicherte den Panzerführer und den Richtschützen bis über Augenhöhe gegen Beschuß. Er war um 360° drehbar und bestand aus dem Schildmantel und dem Tragring. Nach oben war der Schutzschild wie üblich durch Gitterklappen abgedeckt. Bei Beschießen von Erdzielen (Höhenbereich $-7°$ bis $+20°$) wurden die Gitterklappen zwangsläufig geöffnet und geschlossen. Bei Fliegerbeschuß (über $+20°$) wurden die Klappen vorher seitwärts hochgestellt und durch eine Klemmvorrichtung gesichert.

Das Gefechtsgewicht des Fahrzeuges betrug 4,8 t. An Munition wurden 180 Schuß 2-cm-Munition sowie 1050 MG-Patronen mitgeführt.

Bei einem Stahlblechbedarf von 8900 kp betrug der Stückpreis dieser Fahrzeuge (ohne Bewaffnung und Funkausrüstung) 19600 RM.

Am 20. 4. 1940 erteilte das Waffenamt den Firmen Appel in Berlin-Spandau und F. Schichau in Elbing einen Auftrag über den Einbau einer 2-cm-Hängelafette 38, um das Sd. Kfz. 222 auch als Truppenluftschutzwagen verwendbar zu machen.

Ende 1939 sollte die Fertigung der Sd. Kfz. 221/222 auslaufen, um im Juni 1940 in geänderter Form und in größeren Stückzahlen wieder anzulaufen. Dieser Zeitplan verzögerte sich offensichtlich, da erst im Februar 1940 die letzte Serie von 64 Stück Sd. Kfz. 222 bei Schichau abgeliefert wurde. Dabei hatten sich im letzten Monat der Produktion erhebliche Schwierigkeiten bei der Aufbauherstellung infolge gerissener Bleche

ergeben. Laut Plan sollte das Endziel für die 222-Fertigung am 2. 8. 1940 erreicht werden.
Als Funkwagen in der Erstausrüstung diente der leichte Panzerspähwagen (Fu) (Sd. Kfz. 223). Die Maschinenfabrik Niedersachsen-Hannover montierte diese Panzerfahrzeuge. Ein MG 34 war im Drehturm eingebaut. Drei Mann Besatzung waren vorgesehen. Das Gefechtsgewicht betrug 4,4 t. Zu Beginn trugen diese Fahrzeuge einen Satz Funkgerät Fu 10 SE 30, der bei späteren Ausführungen durch ein Fu 12 mit zusätzlichen Fu Spr »f« ersetzt wurde. Auch wurde die ursprüngliche Rahmenantenne bei späteren Ausführungen durch Stabantennen ersetzt. Die letzten Ausführungen hatten ebenfalls eine 30-mm-Stirnpanzerung erhalten.
Die' kleinen Panzerfunkwagen (Sd. Kfz. 260) und (Sd. Kfz. 261) beschlossen die Baureihe. Die Montage der 260-Serie übernahm die Maschinenfabrik Niedersachsen-Hannover, die der 261-Serie die Weserhütte. Das Sd. Kfz. 260 hatte bei vier Mann Besatzung ein Gefechtsgewicht von 4,26 t. Das Fahrzeug war unbewaffnet. Es führte ursprünglich einen Satz Funkgerät für den kleinen Panzerfunktrupp c mit, später jedoch diente es zur Aufnahme des Fliegerfunktrupps (gp). Das 4,3 t schwere Sd. Kfz. 261 hat bei gleicher Besatzung einen Satz Funkgerät für kleinen Panzerfunktrupp d eingebaut. Auch hier wurde die Funkausrüstung später geändert. Es war nun für den leichten Funktrupp 80 Mw (gp) vorgesehen.
Die ab Juni 1941 anlaufende B-Ausführung des leichten Panzerspähwagens hatte bei der MNH Anlaufschwierigkeiten. Das gleiche Problem ergab sich ab Oktober 1941 auch bei den anderen Baufirmen, die nun die neuen Fahrgestelle des sPKW verwendeten. An leichten Panzerspähwagen ergab sich am 1. 7. 1941 ein Bestand von 947 Fahrzeugen, der am 1. 4. 1942 auf 788 Stück abgesunken war. Zum gleichen Zeitpunkt waren 229 kleine Panzerfunkwagen vorhanden.
Insgesamt waren rund 2000 dieser Fahrzeuge hergestellt worden. Der leichte Panzerspähwagen hatte Fahreigenschaften, die von denen eines ungepanzerten Fahrzeuges gänzlich verschieden waren. Der Schwerpunkt lag höher als bei vergleichbaren Lastkraftwagen, ebenso arbeitete die Federung anders wegen des hohen Gewichtes der Panzerung. Die Vierradlenkung durfte nur bei eingerücktem Geländegang oder beim Wenden mit geringer Geschwindigkeit eingeschaltet werden. Die Lenkkraft war bei eingeschalteter Vierradlenkung erheblich größer. So blieb der leichte Panzerspähwagen, obwohl er in hohem Maße geländegängig war, doch in erster Linie ein Straßenfahrzeug.
Im Gebrauch bei der Truppe ergaben sich sehr häufige Schwinghebel-, Gelenkwellen- und Federbrüche

Einer der ersten Prototypen des leichten Panzerspähwagens (Fu) (Sd. Kfz. 223). Bei diesem Fahrzeug fehlt noch der Schutzmantel für das MG.

Die bei der Maschinenfabrik Niedersachsen-Hannover montierten Fahrzeuge hatten eine abklappbare Rahmenantenne, die bei späteren Ausführungen durch Stabantennen ersetzt wurde.

Diese Zeichnung aus dem Zweiten Weltkrieg zeigt einen Panzerspähtrupp, bestehend aus einem schweren Achtrad-Fahrzeug sowie einem Sd. Kfz. 223.

Die beiden Ausführungen des »leichten Panzerfunkwagens.« Links das Sd. Kfz. 260, rechts die Ausführung Sd. Kfz. 261. Beide Fahrzeuge unterschieden sich lediglich in der Funkausrüstung.

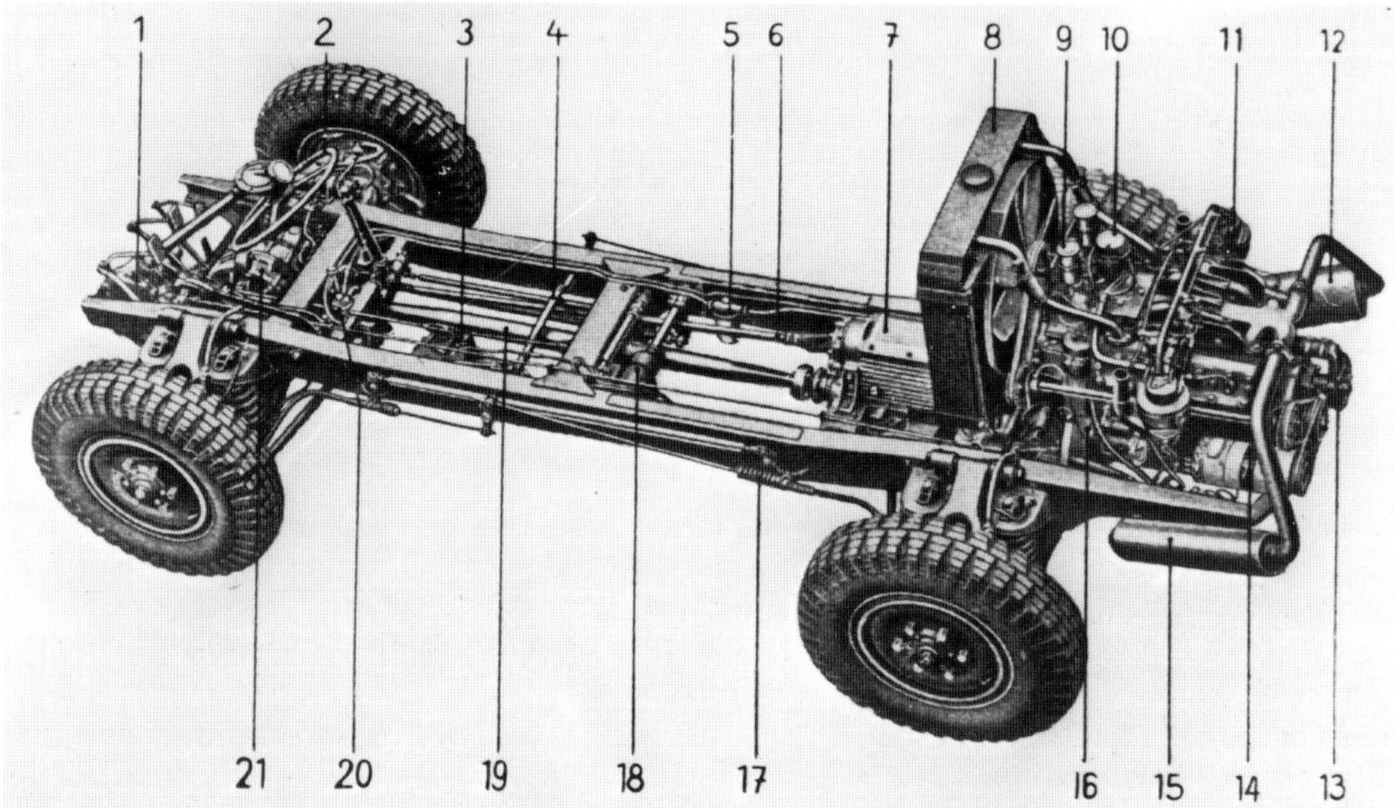

Der ab 1941 zum Einsatz kommende verstärkte Fahrgestelltyp »v« hatte ein hydraulisches Bremssystem und den vergrößerten 3,8-Ltr.-Horch-Motor.

1 Lenkstock
2 Lenkrad
3 Hauptbremszylinder
4 Bremszwischenwelle
5 Kraftstoffvorfilter
6 Schaltwelle zum Wechselgetriebe
7 Wechselgetriebe
8 Kühler
9 Zündspule
10 Zündverteiler
11 Ölbadluftfilter
12 Auspufftopf, rechts
13 Wasserpumpe
14 Lichtmaschine
15 Auspufftopf, links
16 Anlasser
17 Handbremsseilzug
18 Lenkumschaltung
19 Längsgelenkwelle (lang)
20 Kraftstoff-Hilfspumpe
21 Vorderradantrieb

und ein dauerndes Ausreißen der Befestigungsbolzen der oberen vorderen Schwinghebelbefestigungen am Rahmen. Sehr häufige Kupplungsschäden traten auf. Auch wurde laufend die zu geringe Bodenfreiheit beanstandet. Das Fahrzeug hatte einen viel zu hohen Raddruck, war daher nur auf festem Untergrund ausreichend beweglich. Im Gesamturteil ergab sich, daß das Fahrzeug nur bedingt kriegsbrauchbar war. Der Bau der Fahrzeuge wurde 1942 endgültig eingestellt.

Ein Nachfolgemuster war in der Zwischenzeit in die Planung aufgenommen worden. Im Zusammenhang mit der Entwicklung des neuen Achtradfahrzeuges »Tp« sollte unter möglichster Verwendung vieler Teile des Achtradwagens auch ein Vierradfahrzeug entwickelt werden. Dafür erteilte das Waffenamt am 21. 7. 1941 den Auftrag, ein Fahrgestell zu entwickeln, welches aus dem 8-Rad-»Tp«-Spähwagen hervorgehen sollte. Unter Verwendung möglichst aller Teile dieses Fahrzeuges entsprach der neue 4-Rad-Spähwagen (Typ 4 RTp, Motor V 910) bis auf Motor, Getriebe, Federung und gekürztes Panzerhinterteil dem 8-Rad-»Tp«. Der luftgekühlte 6-Zylinder-Tatra-Dieselmotor mit 125 PS Leistung sollte dem 7 t schweren Fahrzeug eine Höchstgeschwindigkeit von 85 km/h verleihen. Als Frontpanzerung waren oberflächengehärtete Bleche einer Dicke von 30 mm vorgesehen, der Rest der Panzerung war SmK-sicher. Büssing-NAG, Berlin-Oberschöneweide, baute bis zum Frühjahr 1943 zwei Prototypen. Der Nachbau des Fahrgestells sollte bei der Firma Auto-Union, Werk Horch, in Zwickau erfolgen. Die Vier-Mann-Besatzung verfügte im Drehturm über eine 2 cm-KwK 38 und ein MG 42. 1000 Stück waren in Auftrag gegeben mit einem vorraussichtlichen Beginn des Massenausstoßes im Oktober 1943. Der Ausstoß sollte, mit 5 Stück im Monat beginnend, nach und nach auf 80 Einheiten pro Monat gesteigert werden. Zu einer Serienproduktion kam es jedoch nicht mehr.

Schwere Panzerspähwagen (6-Rad)

Im Juni 1929 hatte das Reichswehrministerium Heereswaffenamt Prüfwesen 6 die ersten Baubedingungen für die Lieferung von 6-Rad-Lastkraftwagen mit vier angetriebenen Hinterrädern erlassen. An dieser Ausschreibung beteiligte sich die C. D. Magirus mit dem Typ »M 206«, die Firma Büssing-NAG mit dem Typ »G 31« und die Daimler-Benz AG mit dem Typ »G 3«, der ab 1929 vom verbesserten Typ »G 3a« abgelöst wurde.
Vorversuche mit einem dem WaPrfw 6 zur Verfügung stehenden Daimler-Benz-Fahrgestell der Type G 3

Das Nachfolgemuster des leichten Panzerspähwagens sollte größtenteils aus Komponenten des 8-Rad-»Tp«-Fahrzeuges bestehen. Obwohl das Fahrzeug durchentwickelt wurde, kam es nicht mehr zur Serienfertigung.

mit langem Rahmen ergaben, daß diese Fahrgestelle eventuell für Panzeraufbauten nutzbar gemacht werden konnten. Bei einem Fahrgestellgewicht von 2200 kp und einer Aufbaubelastung von 2300 ergab sich ein Gesamtgewicht von 4,5 t. Der Vorderachsdruck betrug deswegen rund 1200 kp. Eine Verstärkung der Vorderachse sowie eine flächenmäßige Vergrößerung des Kühlers um ca. 20 Prozent unter gleichzeitiger Verstärkung der Ventilatorwirkung und eine Vergrößerung des Kühlwasservorrates wurden für notwendig erachtet.

Am 1. 1. 1930 war die behelfsmäßige Panzerung handelsüblicher 4- und 6-Rad-Fahrgestelle noch in der Entwicklung. Eine Besprechung des Entwicklungsausschusses vom 14. 2. 1930 besagt, daß die Entscheidung über die Weiterentwicklung der Panzerkraftwagen nach Besichtigung von den Amtschefs herbeigeführt würde. Am 17. 3. 1931 stellt Daimler-Benz die neue Ausführung des »G 3« vor, die sie als »G 4« bezeichnet. Der 3,7-l-Motor sollte jedoch nicht verwendet werden, sondern auf Ersuchen des Waffenamtes lediglich der 3,5-l-Motor. Am 21. 5. 1931 verlangt WaPrüf 6 anstelle der vorgeschlagenen Bezeichnung »G 4« die Typenbezeichnung »G 3a«.

Für das zweite Beschaffungsprogramm (1933 bis 1938) wurden am 10. 2. 1931 u. a. 28 Fahrgestelle für Be-

Eines der ersten Daimler-Benz-»G 3«-Versuchsfahrgestelle für einen schweren 6-Rad-Panzerspähwagen. Das umgedrehte Lenkrad sowie das Bedienungsgestänge zum hinteren Fahrerstand sind gut erkennbar.

Eine Gesamtansicht des Daimler-Benz-Fahrgestelles.

helfs-Panzerwagen und 102 Aufbauten dafür vorgeschlagen.
Am 3. 2. 1932 ergab sich bei diesen Fahrzeugen folgender Stand der Arbeiten: Die Panzerwagen auf 6-Rad-Fahrgestell der Firmen Daimler-Benz und Büssing-NAG waren in Arbeit. Weiter wurde noch das Fahrgestell des leichten, geländegängigen Lastkraftwagens der Firma Magirus herangezogen. Gegenüber dem Normalfahrzeug waren die Vorderachsen in allen Teilen verstärkt. Die Federungen sowie deren Aufhängungen wiesen größere Abmessungen auf. Die vordere Lenkung wurde stärker geneigt, das Lenkrad um ca. 90° gegenüber der handelsüblichen Ausführung heruntergeklappt. Der schwere Panzerspähwagen war mit einer Rückwärtslenkung versehen. An der vorderen Lenksäule befand sich ein Kegelradantrieb, von dem eine Gelenkwelle über eine Kupplung zum hinteren Lenkstock führte. Die hintere Lenksäule mit Lenkrad und Signalring war abhebbar auf einem Säulenstummel aufgesetzt.
Das Schaltbrett lag tiefer und war weiter zurückgesetzt. Die Fahrgestelle Büssing-NAG und Magirus wiesen ein zweites Schaltbrett für den Rückwärtsfahrer auf.
Das Getriebe hatte eine Umkehrvorrichtung, die es ermöglichte, das Fahrzeug auch rückwärts in den ver-

Das in seinem Gesamtaufbau ähnliche Fahrgestell der Büssing-NAG. Typ »G 31 p«.

schiedenen Gängen zu fahren. Durch die Umkehrung wurden die Geschwindigkeiten in den einzelnen Gängen beim Fahrgestell Daimler-Benz auf 75 Prozent, beim Fahrgestell Büssing-NAG auf etwa 50 Prozent verringert, beim Fahrgestell Magirus blieb das Verhältnis 1:1. Am hinteren Ende des Fahrgestelles befanden sich ebenfalls Fußhebel zum Kuppeln, Beschleunigen und Bremsen, die durch Gestänge mit den entsprechenden Hebeln für Vorwärtsfahrt verbunden waren; bei den Fahrgestellen Daimler-Benz und Magirus gab es außerdem einen Schalthebel zum Wechseln der Untersetzungen. Zum Schutz gegen Drahthindernisse waren beim Fahrgestell Büssing-NAG die Gummigelenkscheiben, beim Fahrgestell Daimler-Benz und Magirus die Faudi-Gelenke der Kardanwelle durch leicht abnehmbare Hauben aus etwa 1 mm starkem Eisenblech geschützt.

Der Kühler war niedriger als beim handelsüblichen Lastkraftwagen, dafür aber von größerer Tiefe. Das Fassungsvermögen wurde durch Zusatzbehälter vermehrt. Die Kühlwirkung wurde ferner durch einen Hochleistungswindflügel verstärkt. Das Sd. Kfz. 231 (frühere Benennung: gepanzerter Kraftwagen Kfz. 67) auf Fahrgestell Daimler-Benz und Büssing-NAG hatte einen elektrischen Sammler, der rechts vom Vorwärtsfahrer auf dem Fußboden stand. Sd. Kfz. 231 auf Fahrgestell Magirus sowie alle Sd. Kfz. 232 (frühere Benennung: gepanzerter Kraftwagen [Fu] Kfz. 67 a) hatten einen zweiten, zum ersten parallel geschalteten Sammler, der hinten links auf dem Fußboden untergebracht war. Die Lichtmaschine hatte beim Sd. Kfz 231 eine Leistung von 300 Watt, beim Sd. Kfz. 232 eine solche von 600 Watt. Ursprünglich war eine Geländebereifung 6,00-20 vorgesehen. Eine schußsichere Bereifung wurde entwickelt. Auch wurde die Verwendung größerer Reifenprofile untersucht.

Die Auspuffleitung wurde auf kürzestem Wege nach außen geführt und bis hinter die zweite Hinterachse verlängert. Der Auspufftopf lag bei Büssing-NAG und Magirus zwischen den vorderen Trägerenden, bei

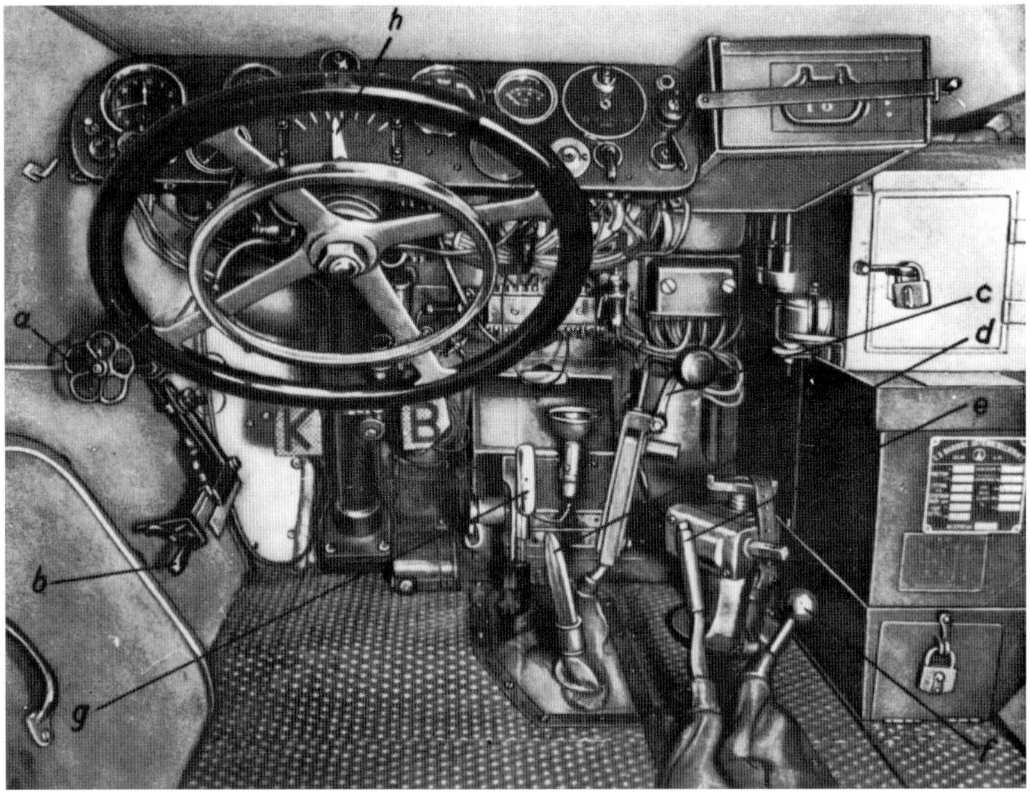

Die Anordnung der Bedienungshebel für den Vorwärtsfahrer beim Magirus-Fahrgestell »M 206 p«.

a Handrad zur Aufstellvorrichtung der Motorseitenklappe
b Aufstellhebel für Kühlerklappe
c Schalthebel für Viergang-getriebe, auf d umlegbar
d Anschlußtunnel für rückwärtige Getriebeschaltung
e Umkehrhebel
f Schalthebel für Geländegang
g Handbremse
h Radeinschlaganzeiger

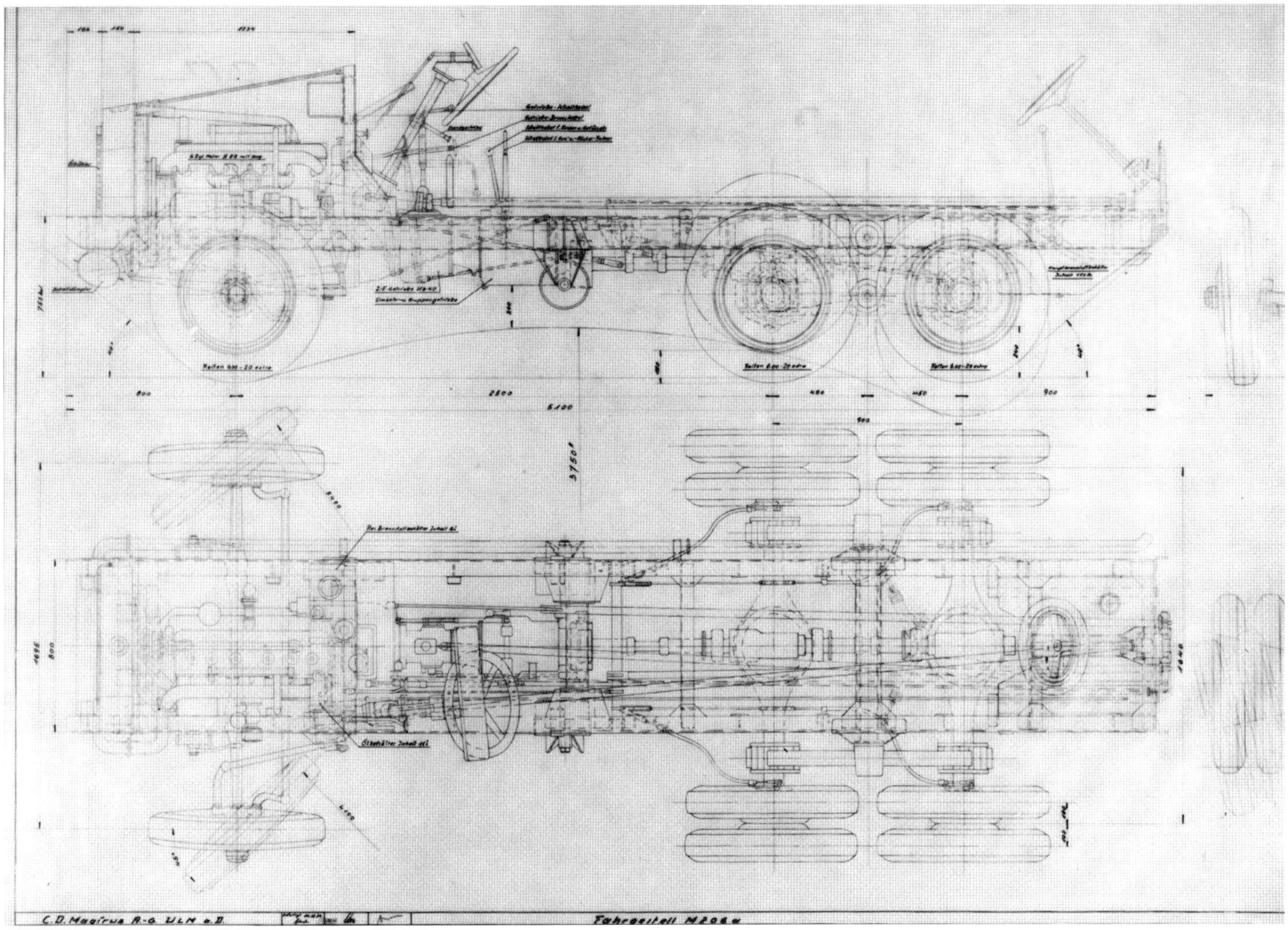

Eine Maßstabskizze des Magirus-»M 206 p«-Fahrgestelles.

Daimler-Benz unter dem rechten Längsträger. Daimler-Benz rüstete den Panzerwagentyp »G 3 a/P« mit dem 6-Zylinder-68-PS-»M 09«-Vergasermotor aus. Der Büssing-NAG Typ »G 31 p« hatte den 65-PS-Vierzylinder-»G«-Vergasermotor eingebaut. C. D. Magirus schließlich verwendete für seinen Typ »M 206 p« den 70-PS-Sechszylinder-»S 88«-Motor. Im Juni 1932 waren 3 Stück der »G 3 a«-Fahrzeuge noch mit der Mehrscheibenkupplung des »G 3« ausgerüstet. Da diese Kupplung jedoch laufend zu Beanstandungen Anlaß gab, wurde die Einführung einer Einscheibenkupplung vorgesehen und alle weiteren Produktionsfahrzeuge damit bestückt. Ab Mai 1932 sollten alle Verwechslungen dahingehend ausgeschaltet werden, daß nunmehr alle »G 3 a«-Fahrgestelle mit Doppellenkung Maybachgetriebe und alle »G 3 a«-Fahrzeuge mit einfacher Lenkung ZF-Aphon-Getriebe haben sollten.
Trotzdem wurde noch im Januar 1933 ein synchronisiertes ZF-Aphon-Getriebe mit Reversierung nebst Einscheibenkupplung zum Preis von 1425 RM zum Einsatz im Panzerfahrzeug angeboten.
Gegen Ende 1932 waren insgesamt 37 »G 3 a«-Fahrgestelle von WaPrüf 6 bestellt, während Büssing-NAG 16 Stück, davon 12 Panzerfahrgestelle, in Auftrag hat-

Die von den Deutschen Werken in Kiel entwickelte Panzerung für den schweren 6-Rad-Panzerspähwagen änderte ihr Aussehen im Laufe der Entwicklung. Ursprünglich war das Aufbaudach gerade durchgeführt, den beiden Fahrern standen runde Kuppeln zur Verfügung.

te. Der DB-Fahrgestellpreis (unbereift) betrug für die Normalausführung 19 000 RM. Das Panzerfahrgestell mit Rückwärtslenkung und Vakuumschaltung kostete 24 340 RM.

Die Panzeraufbauten, deren sargförmiges Aussehen sich im Laufe der Entwicklung mehrmals änderte, wurden vom Heereswaffenamt in enger Zusammenarbeit mit der Deutschen Werke AG in Kiel entworfen. Die Untersuchungen der Formgebung nahmen eine geraume Zeit in Anspruch. Dabei sollte die Panzerung auf alle Entfernungen gegen horizontalen Beschuß SmK-sicher ausgelegt werden. Zur Erreichung der Schußsicherheit wurden die Panzerwände fast durchwegs schräg gestellt. Hierdurch wurde gleichzeitig eine Gewichtsersparnis erzielt. Als Panzerdicke wurden vorne 14,5 mm und seitlich 8 mm dicke Bleche verwendet. Das Gesamtgewicht der Fahrzeuge mit Panzeraufbau betrug ca. 5 t.

Das dreiteilige Panzergehäuse war selbsttragend ausgebildet, um Überbeanspruchungen des Fahrgestellrahmens zu vermeiden. Zur Kühlung waren am vor-

Die Unterbringung des Reserverades war bei dieser Ausführung besonders gut gelöst. Der Sitz für den Rückwärtsfahrer ist sichtbar.

In Vorbereitung für den Serienaufbau ergab sich eine hochgezogene Fahrerfront mit Sehklappen. Die seitlichen Einstiege sind hier geöffnet. Auch der Drehturm ist noch nicht endgültig durchentwickelt.

deren Panzer Kühler- und Motorseitenklappen vorgesehen. An den unteren Seitenblechen waren Abluftöffnungen angebracht.

Bei den Fahrern standen aufstellbare Fahrersichtklappen zur Verfügung.

Im waagerecht liegenden Teil des Deckbleches war auf der linken Seite eine elliptische Öffnung für den Fahrer vorgesehen, die durch eine aufstellbare Kuppel überdeckt wurde. Bei Beginn der Aufbauentwicklung wurden runde, aufklappbare Panzerhauben verwendet. Eine ähnliche Kuppel befand sich beim Rückwärtsfahrer. Neben der Kuppel befanden sich bei der Produktionsausführung zweiteilige Beobachtungsklappen, die sich erst durch den an beiden Fahrerfronten hochgezogenen Aufbau ermöglichen ließen. An jeder Seite des vorderen Panzers befand sich eine nach außen aufklappbare zweiteilige Einstiegluke.

In den unteren Seitenwänden des mittleren Panzers befanden sich – oberhalb der hinteren Kotflügel des Fahrzeuges – je ein rechteckiger Ausschnitt, in dem ein Stahlrahmen für den schußsicheren Scheinwerfer eingebaut war. Der Ausschnitt wurde durch eine ausstellbare Klappe aus Panzerblech verschlossen. Zu beiden Seiten des Rahmens waren als Führungen ausgebildete Schlitze vorgesehen, in die von innen unter einem Winkel von 45° Metallspiegel eingeführt werden konnten. Durch Einstecken der Spiegel in die Führungen konnte das Licht des eingebauten Scheinwerfers wahlweise nach vorne oder hinten geworfen werden. Im schrägen Abschußblech des hinteren Panzers befand sich bei der Serienausführung eine zweiteilige, nach außen zu öffnende Luke zum leichteren Einbringen von Ausrüstungsteilen sowie zum Verlassen des Fahrzeuges in besonderen Fällen. Zu Beginn der Aufbauentwicklung hatten sich auch runde Einstiegluken ergeben, an deren Innenseite auch das Ersatzrad geschützt untergebracht war. Bei der Serienausführung wurde ein Ersatzrad am Fahrzeug abklappbar auf der hinteren Luke des Panzergehäuses mitgeführt.

Die Radlager waren durch aufgeschraubte, leicht abnehmbare Scheiben gegen seitlichen Beschuß geschützt.

Der Drehturm, der im Laufe der Entwicklung sein Aus-

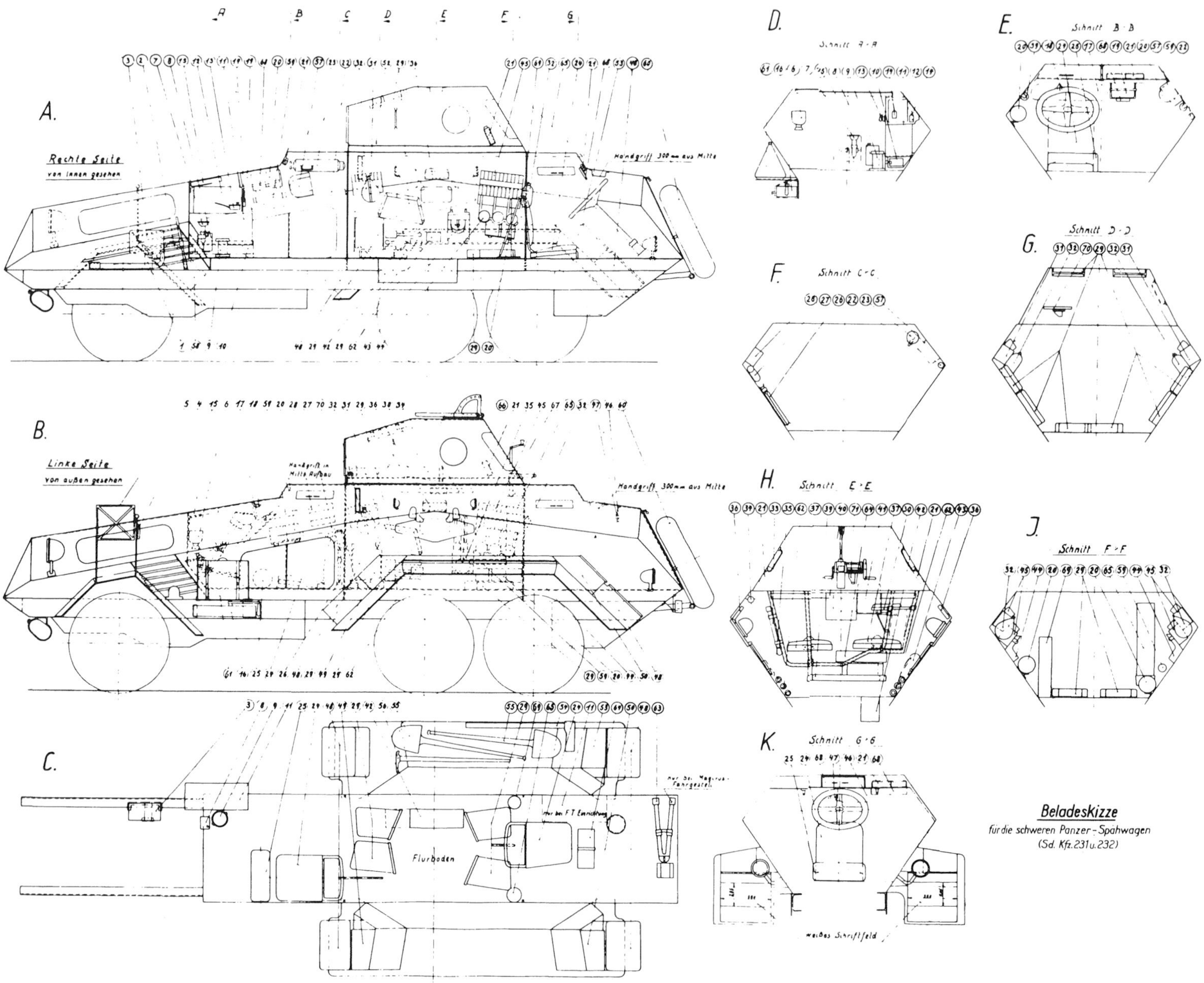

Der Beladeplan zeigt die Unterbringung der Besatzung und der Ausrüstung.

Das Fahrzeug mit seinem endgültigen Aufbau. Versuchsweise kam bei diesem Fahrzeug ein MG 13 in der Fahrerfront zum Einbau. Ebenso interessant ist die Doppelanordnung der Vorderräder, um ein Einsinken des Fahrzeuges zu verhindern.

sehen mehrmals änderte, war auf dem Abdeckblech des mittleren Panzers befestigt. Er hatte ein Seitenrichtfeld von 360°. Das Höhenrichtfeld der Waffen lag zwischen +20 und –12°. Der Turmmantel war kegelförmig ausgebildet. Die Front des Turmes bildete ein sechseckiges Panzerblech, welches links eine aufstellbare Turmschildklappe und rechts einen Ausschnitt für die Waffenlagerung hatte. Auf beiden Seiten des Turmmantels war je eine kreisrunde Öffnung zum Beobachten und für die MP ausgespart. Die Öffnungen wurden durch ausstellbare Turmseitenklappen mit Sehschlitzen verschlossen.
An der Rückwand des Turmes befand sich die zweiteilige hintere Turmluke mit Sehschlitzen. Im waagerechten Teil der Turmdecke war eine weitere zweiteilige Turmluke vorhanden. Sie war aufstellbar. Der Turm selbst war auf einem großen Kugellager drehbar gelagert.
Die Turmblende war ein schildartiges Panzerblech, an dem die Waffen gelagert waren. Sie hatte zwei Öffnungen zum Einführen der 2-cm-KwK 30 und des MG 13. Über der Öffnung für das MG 13 war zum leichteren Ein- und Ausbau eine nach außen zu öffnende Klappe angebracht. In der Mitte waren drei weitere Durchbrechungen vorhanden, links eine größere zur Beobachtung, in der Mitte eine kleinere Öffnung für die Zielschiene des Schützen und rechts eine Bohrung für das Zielfernrohr.
Am Fahrgestell Magirus waren vor der ersten Hinterachse Geländerollen am Rahmen angebracht, welche das Nehmen kurzer Hindernisse erleichtern sollten. Die Magirus-Ausführung war äußerlich durch eine auf

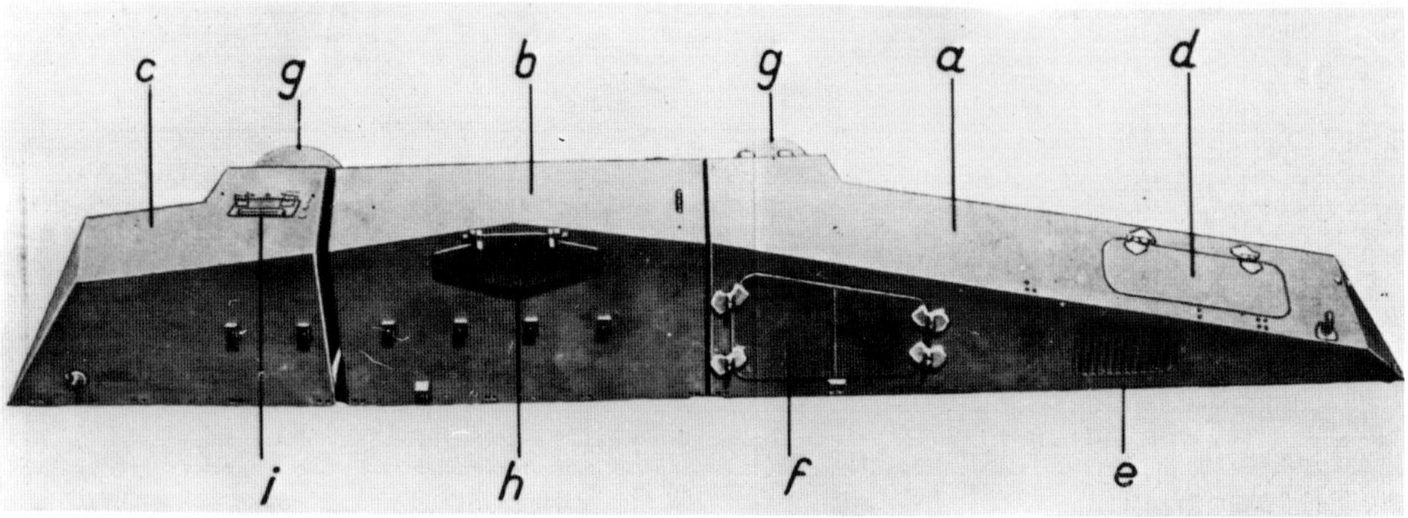

Das Panzergehäuse selbst war dreiteilig ausgeführt.

a vorderer Panzer, b mittlerer Panzer, c hinterer Panzer, d Motorseitenklappe, e Abluftöffnung mit Rostabdeckung, f Einstiegluke, g Fahrerkuppeln, h Klappe für schußsicheren Scheinwerfer, i Fahrersichtklappe.

Die Front-, Seiten- und Rückansicht des Drehturmes.

a Blende, b Turmschildklappen, c Klappe zur Lagerung des MG 13, d Öffnung für Richtschiene des Richtschützen, e Bohrung für Zielfernrohr, f vordere Sichtklappe, g Fahrerkuppel, h Ringschraube zum Abheben des Turmes.

a Hintere Turmluke, b Turmseitenklappe, c Bügel für Flugzielbeschuß (nur bei Sd. Kfz. 231), d Sitzbügel, e seitliche Sichtklappe, f Regenleiste, g Öse zum Abheben des Turmes.

Seitlich am Aufbau waren beiderseitig schußsichere Scheinwerfer eingebaut, wobei das Spiegelbild des Scheinwerfers auf einem Metallspiegel reflektiert wurde.

Panzerabdeckung des Kühlers bei Fahrgestell Daimler-Benz und Büssing-NUG.
a Kühlerklappen
b Motorseitenklappen

Panzerabdeckung des Kühlers bei Fahrgestell Magirus.
a Kühlerklappen
b Motorseitenklappen

Die Panzerabdeckung des Kühlers war bei den einzelnen Herstellern verschieden. Die Fahrzeuge konnten auf diese Weise voneinander unterschieden werden.

Bei der Produktionsausführung war das Reserverad auf einem Halter am hinteren Fahrzeugende befestigt.

dem hinteren Heckpanzer befestigte große Drahtschere erkennbar.
Auf der Turmdecke des Sd. Kfz. 231 war ein verstellbarer Bügel für Flugzielbeschuß angebracht, in dem ein MG schwenkbar eingelegt werden konnte. Es wurde ausdrücklich darauf hingewiesen, daß der schwere Panzerspähwagen (6-Rad) kein Geländefahrzeug sei, sondern für den Gebrauch auf Straßen und Wegen bestimmt war. Rammen und Überklettern von Sperren war grundsätzlich verboten.
Einer der Prototypen der Firma Daimler-Benz hatte ein zusätzliches MG 13 in Kugelblende neben der Fahrersehklappe eingebaut.
Zum ersten Male erscheinen diese Fahrzeuge während eines Manövers im Jahre 1932 in der Öffentlichkeit. Daimler-Benz versuchte zu dieser Zeit, eines der von ihm in Berlin-Marienfelde montierten Panzerfahrzeuge zwecks weiterer Versuche nach Stuttgart zu überführen. Aus politischen Gründen war diese Überstellung jedoch unmöglich. Sämtliche in Untertürk-

Der schwere Panzerspähwagen (6-Rad) (Sd. Kfz. 231) hatte vier Mann Besatzung. Bild zeigt die Besatzung neben dem Fahrzeug angetreten.

Eine der ersten Ausführungen des schweren Panzerspähwagens (6-Rad) (Fu) Sd. Kfz. 232) mit ursprünglicher Anordnung der Rahmenantenne.

Ein schwerer 6-Rad-Panzerspähwagen im Kriegseinsatz in Frankreich 1940. Beachte die provisorische Anbringung der Nebelkerzen vorne am Fahrzeug.

Die Produktionsausführung des Sd. Kfz. 232 mit der endgültigen Antenne, welche die volle Drehbarkeit des Turmes ermöglichte.

Das nur an den Hinterrädern getriebene Fahrgestell war durch den Panzeraufbau überlastet und nur beschränkt geländegängig.

Eine Panzeraufklärungs-Einheit im Manöver 1935. Funk- und Kanonenwagen, sowie leichte gepanzerte Fahrzeuge warten auf den Einsatzbefehl. (Manöver des VI. Armeekorps in der Lüneburger Heide vom 2. bis 7. September 1935).

Als drittes Fahrzeug in der Grundausrüstung der Panzeraufklärungs-Einheiten ergab sich der Panzerfunkwagen (Sd. Kfz. 263). Dieses Fahrzeug hatte einen festen Turmaufbau und die übliche Rahmenantenne. Ein MG 13 in Kugelblende stand zur Selbstverteidigung zur Verfügung.

Hinter dem Turm war ein ausziehbarer Kurbelmast untergebracht. Das Fahrzeug diente als gepanzerte motorisierte Kommandostelle.

heim entworfenen und gefertigten Teile mußten in Marienfelde zusammengebaut werden. Verzögerungen und teilweise mangelhafte Ersatzteilversorgung ließen sich dabei manchmal nicht vermeiden.

Am 29. 7. 1932 wurden von seiten der Daimler-Benz diese Fahrzeuge auch zur Verwendung bei der Schutzpolizei vorgeschlagen. Dabei stellte sich jedoch heraus, daß die von der Reichswehr entworfenen »G 3 a«-Panzerwagen aus verschiedenen Gründen für die Polizei nicht in Frage kommen konnten. Ebensowenig käme die alte Ausführung in Betracht .Man habe sich bereits damit geholfen, die Ehrhardtwagen, die am weitesten veraltet waren, etwas zu modernisieren. In Anbetracht dieser Tatsache entschloß man sich bei Daimler, die Sache weniger zu forcieren, da sonst sehr leicht das Interesse der Behörde auf andere, für Polizeizwecke besser geeignete Fahrgestelle (Krupp) gelenkt werden konnte.

Die Fahrgestelle der drei Firmen wurden mit drei verschiedenen Aufbauten geliefert, welche ebenfalls von der Deutschen Edelstahlwerke AG in Hannover-Linden beigestellt wurden. Grundfahrzeug war der schwere Panzerspähwagen (6-Rad) (Sd. Kfz. 231) mit 4 Mann Besatzung und einem Gesamtgewicht von 5,7 t. Als Funkfahrzeug diente der schwere Panzerspähwagen (6-Rad) (Fu) (Sd. Kfz. 232). Bei vier Mann Besatzung betrug das Gesamtgewicht von 5350 kp. Diese Fahrzeuge hatten die typische Rahmenantenne, die sich über das gesamte Fahrzeug erstreckte. Der Panzerfunkwagen (Sd. Kfz. 263) beschloß die Ausrüstung der motorisierten Aufklärungs-Abteilungen. Hierbei war der Turm fest aufgesetzt und mit einem MG 13 in Kugelblende versehen. Neben der Rahmenantenne war weiterhin ein ausziehbarer Kurbelmast eingebaut. Bei 5 Mann Besatzung betrug das Gefechtsgewicht 5,8 t.

Diese Fahrzeuge wurden als Zwischenlösung bis zur Einführung des 8-Rad-Wagens in größeren Stückzahlen beschafft. Büssing-NAG lieferte davon 54 Stück. Wegen unzureichender Versorgung mit 8-Rad-Fahrzeugen standen diese Panzerspähwagen noch Anfang des Krieges in Polen und Frankreich im Einsatz. Sie lieferten einen wertvollen Beitrag zur Motorisierung der Aufklärungseinheiten.

Schwere Panzerspähwagen (Achtradwagen)

Bei einer Besprechung über das Entwicklungsprogramm der In 6 beim Leiter WaPrw. am 20. 6. 1932 wurde bestätigt, daß das Truppenamt die Aufstellung motorisierter Aufklärungs-Abteilungen für die Kraftfahrzeugtruppe festgesetzt hatte. Dadurch wurde die Beschaffung moderner, voll brauchbarer Erkundungswagen unbedingt notwendig. Die bisherigen gepanzerten Mannschaftstransportwagen kämen für die Aufgaben einer modernen Aufklärungs-Abteilung überhaupt nicht in Frage. Es sei daher vorübergehend durch die gepanzerten Sechsradfahrzeuge ein vorläufiger Behelf geschaffen worden. Diese Fahrzeuge seien zwar in der Lage, in geringem Umfang die feste Straße zu verlassen, jedoch reichte die Geländegängigkeit für etwas schwierigere Verhältnisse nicht aus. Deswegen bestünde die Forderung, möglichst bald in den Besitz geländegängiger, gepanzerter Erkundungsfahrzeuge zu kommen. Die bisherigen Ergebnisse mit den Vielradwagen gäben hier günstige Ausblicke. Sie seien die einzigen Fahrzeuge, die neben voller Geländegängigkeit auch große Geschwindigkeiten auf den Straßen erlaubten. Zwei Bedingungen, welche von einem strategischen Aufklärungsfahrzeug unbedingt erfüllt werden müßten. Der im Januar 1931 festgelegte Standpunkt, daß die Entwicklung der Vielradwagen auf lange Sicht erfolgen könne, sei daher nicht mehr zutreffend. Für die nächsten Jahre ist die Beschaffung von mindestens jährlich 18 Panzerkraftwagen vorgesehen. Dies wäre die Entscheidung des Wehramtes sowie des Truppenamtes.

Zunächst sollte hierfür die Beschaffung der Sechsradfahrzeuge (Daimler-Benz und Büssing-NAG) erfolgen, die möglichst bald durch Vielradwagen abgelöst werden sollten. Nach einer Aussprache zwischen In 6 und WaPrw. wurde eine Beschaffungsreife dieser Fahrzeuge bis 1935/36 angestrebt, vorausgesetzt, daß die erforderlichen Mittel und Kräfte bei dem entsprechenden Referat hierfür bereitgestellt werden können.

General Lutz schnitt dabei die Frage an, ob nicht das Vielrad-Fahrgestell auch zur Verwendung als mittlere Zugmaschine in Frage käme. Von WaPrw. wurde dazu erwähnt, daß die bisherigen Ergebnisse auf guter Bodenart zwar eine gewisse Zugleistung ergeben hätten, daß aber für schwierigen Boden ausreichende Erfahrungen noch nicht vorlägen. Die Auflage von Einzelgleitschutzketten oder Ketten über mehrere Räder gemeinsam führe dann gleich zu einem behelfsmäßigen Kettenfahrzeug. WaPrw. hielte daher ein Räder/Kettenfahrzeug als die geeignete Konstruktion für eine mittlere Zugmaschine. Selbstverständlich würden Versuche über die Eignung der Vielradwagen als Zugmaschinen von der WaPrw. eingehend durchgeführt werden.

Der Auftrag für die Weiterentwicklung der Vielradwagen wurde daraufhin der Büssing-NAG übertragen, die ihr Werk in Leipzig-Wahren für diesen Zweck zur Verfügung stellte. Unter der Bezeichnung »Achtradwagen (ARW)« entwickelte Büssing-NAG den Fahrzeugtyp »GS«, der als Versuchsfahrzeug unter der Nummer Vs. Kfz. 623 lief. In seinem technischen Aufbau ergab sich ein Fahrzeugrahmen, der eigentlich nur als Hilfsrahmen zur Aufnahme der Fahrwerksteile und des Triebwerkes diente. Er wurde mit dem Pan-

Aus dem Vielradfahrzeug der Zwanziger Jahre ergab sich 1934/35 die »Endlösung« zur Schaffung eines vollgeländegängigen Fahrzeuges für die Aufklärungs-Einheiten der deutschen Wehrmacht. Die Entwicklung lief unter der Bezeichnung »Schwerer Panzerspähwagen« (ARW) (Vs. Kfz. 623).

Dabei ergab sich ein »Einheitsfahrgestell« mit acht angetriebenen, unabhängig aufgehängten Rädern in Rahmenausführung. Der Aufbau wurde halbselbsttragend ausgelegt. Die vordere und hintere Lenkung wirkte auf alle acht Räder.

Fahrgestell Baumuster GS

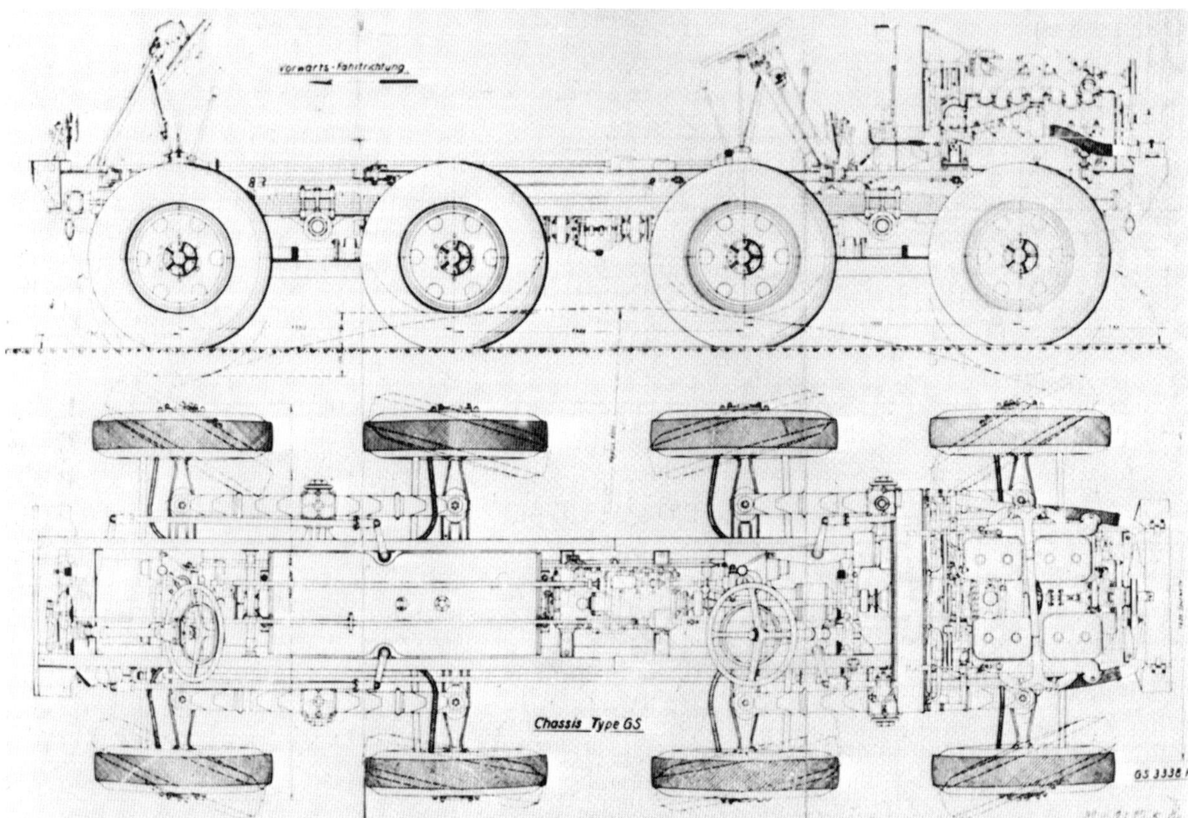

Bild 149. Chassisplan

zeraufbau fest verbunden, die Gesamtkonzeption war also mittragend ausgelegt.
Die Räder waren unabhängig an längsliegenden Blattfedern aufgehängt. Diese Federn waren zentral am Rahmen befestigt, ebenso wie die inneren Enden der beiden übereinander liegenden Schwingarme. Zwischen den Schwingarmen war die Antriebshalbachse untergebracht. Alle 8 Räder waren getrieben. Sperrdifferentiale waren an allen Achsen vorgesehen. Eine komplizierte Achtradlenkung ermöglichte gleiche Geschwindigkeit in jeder Richtung. Dazu waren zwei Lenkungen vorgesehen, die Normallenkung für den Panzerfahrer hatte das Lenkrad zum Fahrer geneigt, um den vorhandenen Raum besser auszunützen, die

Hitler besichtigt eines der ersten Fahrzeuge. Der Büssing-NAG-8-Zylinder-Vergasermotor mit 150 PS Leistung war im Heck des Fahrzeuges untergebracht.

Lenkung für den Rückwärtsfahrer war wie üblich im Kraftfahrzeug eingebaut. Büssing hatte ein Spezial-Dreiganggetriebe für dieses Fahrzeug entwickelt. Ein Untersetzungsgetriebe und ein Fußumschalter ermöglichten 6 Gänge in jeder Richtung. Motorenmäßig kam ein Acht-Zylinder-»V«-Triebwerk der Büssing-NAG im Heck des Fahrzeuges zum Einbau. Der Zylinderwinkel betrug 90°. Hängende Ventile wurden über Stößel durch eine innenliegende Nockenwelle gesteuert. Ursprünglich betrug die Bohrung der Zylinder 107 mm, sie wurde später während des Krieges auf 110 mm vergrößert. Dadurch erhöhte sich der Gesamthubraum von 7913 auf 8363 ccm. Die Leistung wurde dadurch von 150 auf 180 PS angehoben. Das Triebwerk »L 8 V« war wassergekühlt. Das Gewicht des Fahrgestelles betrug 4120 kp.
An der Entwicklung des Panzeraufbaus waren vor allem die Deutschen Werke Kiel beteiligt, die zusammen mit Büssing das Fahrzeug 1934 bis 1935 entwickelten und erprobten. Der Fertigungsbeginn war 1935. Ursprünglich waren drei verschiedene Aufbauten vorgesehen, und zwar eine Ausführung als Panzerspähwagen, ein Panzerfunkwagen und ein Befehlspanzerwagen für Führungsstäbe. Standardfahrzeug der Aufklärungs-Abteilungen wurde der »schwere Panzerspähwagen (8-Rad) (Sd. Kfz. 231)«. Diese Fahrzeuge übernahmen also die Sd.-Kfz.-Nummern der früheren Sechsradfahrzeuge. Als Montagefirma für diese Fahrzeuge trat die Firma F. Schichau in Elbing auf. Das Gesamtgewicht betrug 8,3 t, der Besatzung von vier Mann standen eine 2-cm-KwK und ein MG 34 im Drehturm zur Verfügung. 180 Schuß KwK-Munition wurden mitgeführt. Die Stirnpanzerung betrug 10 bis 14,5 mm, die der Seite 8 mm. Dadurch waren die Fahrzeuge nur ungenügend geschützt und mußten sich hauptsächlich auf ihre Geschwindigkeit und Beweglichkeit verlassen. Während des Krieges kam auch sehr bald ein sogenannter Pakschutz oder Zerschellerplatte am Bug des Fahrzeuges zum Anbau, welcher vor allem den Fahrer schützte.

Die zweite Ausführung, der »schwere Panzerspähwagen (8-Rad) (Fu Sd. Kfz. 232)«, ersetzte ebenfalls den diesbezüglichen Sechsradwagen. Seine Entwicklung und Montage erfolgten bei den Deutschen Wer-

Standardfahrzeug der Aufklärungs-Abteilungen wurde der schwere Panzerspähwagen (8-Rad) (Sd. Kfz. 231). Die Bilder zeigen ein fabrikneues Fahrzeug ohne Bewaffnung und mit teilweiser Ausrüstung.

Während des Krieges wurden an den vorderen Kotflügeln Nebelkerzen angebracht, sowie die obligatorischen Benzinbehälter mitgeführt. Bilder zeigen ein Fahrzeug der Abschlußausführung dieser Baureihe mit vereinfachter Bugplatte (30 mm) und veränderter Fahrersehklappe.

Teilweise wurden Reserveräder zusätzlich mitgeführt. Wegen des unzulänglichen Panzerschutzes wurde in der Hauptschußrichtung eine Zerschellerplatte angebracht. Ein Behälter für einen Reservelauf der Kampfwagenkanone ist hinter dem Turm befestigt. (Fahrzeug der Division Hermann Göring).

ken in Kiel. Diese Firma hatte u. a. folgende Aufträge über gepanzerte Aufklärungsfahrzeuge erhalten: Auftrag Nr. VIII b/211 –0507/39 über Sd. Kfz. 231, Auftrag Nr. VIII b/211 – 0511/39 – 0505/38 und 0508/38 über Sd. Kfz. 232, ferner Auftrag Nr. VIII b/211 – 0509/39 über Sd. Kfz. 263.

Das Sd. Kfz. 232 wog 8,5 t und hatte vier Mann Besatzung. Bei gleicher Bewaffnung im Drehturm wie das Sd. Kfz. 231 war über dem Dach des Fahrzeuges eine Rahmenantenne angebracht, die zusammen mit einem Satz Funkgerät Fu 11 SE 100 die wichtige Nachrichtenverbindung mit der Truppe herstellte. Die auffälligen Rahmenantennen wurden ab 1941 durch sogenannte Stab- bzw. Sternantennen ersetzt. Die Sd.-Kfz.-232-Serie lief im Mai 1940 aus, um erst im Juni 1941 wieder zu erscheinen. Der Preis des Fahrzeuges ohne Waffen belief sich auf 52 980 RM. Der Rohstoffbedarf schloß 15 528 kp vergütete und unvergütete Bleche ein. Während des Krieges war die Frontpanzerung der letzten »GS«-Modelle auf 30 mm verstärkt worden.

Den Abschluß der Originalausrüstung der Panzeraufklärung bildete der »Panzerfunkwagen (8-Rad) (Sd. Kfz. 263)«. Wiederum waren es die Deutschen Werke, die dieses Fahrzeug entwickelten und montierten. Das Fahrzeug hatte einen festen Panzeraufbau ohne Drehturm und lediglich ein MG zur Selbstverteidigung in Kugelblende eingebaut. Es war ausschließlich als gepanzertes Führungsfahrzeug vorgesehen. Bei 5 Mann Besatzung betrug das Gefechtsgewicht 8,1 t. An Funkausrüstung wurde ein Satz Funkgerät für mittleren Pz.-Funktrupp b mitgeführt. Der Preis dieses Fahrzeuges betrug 57 000 RM.

Neben der Rahmenantenne war auch ein ausziehbarer Kurbelmast »P« (ausgezogen 9 m) unmittelbar hinter dem Kampfraum eingebaut. Die Sd.-Kfz.-263-Serie war im Februar 1940 ausgelaufen bei voraussichtlicher Wiederaufnahme der Produktion im Herbst 1940.

Da die 2-cm-KwK nur selten zur Rückendeckung

Der schwere Panzerspähwagen (8-Rad) (Fu) (Sd. Kfz. 232) ersetzte den diesbezüglichen Sechsradwagen. Bilder zeigen ein fabrikneues Fahrzeug ohne Bewaffnung mit der ihm typischen Rahmenantenne.

Die vordere Aufhängung der Rahmenantenne beeinträchtigte nicht im geringsten die Drehfähigkeit des Turmes. Bild zeigt ebenfalls alle Einzelheiten des Waffeneinbaues.

Weitere Einzelheiten der Antennenanbringung sind in diesem Bild festgehalten. Die mitgelieferte Zeltplane schützte die Besatzung vor Nässe.

Der sog. Pakschutz oder die Zerschellerplatte schützte vor allem den Fahrer. Bei späteren Ausführungen kamen vorne verstärkte Panzerbleche zum Einbau.

Die auffällige Rahmenantenne wurde während des Krieges durch die üblichen Stabantennen ersetzt. Bild zeigt ein Fahrzeug der letzten Ausführung.

Der Panzerfunkwagen (8-Rad) (Sd. Kfz. 263) beschloß die Grundausstattung der Panzeraufklärungs-Abteilungen. Im festen Aufbau war vorne ein MG 34 zur Selbstverteidigung eingebaut. Neben der Rahmenantenne war hinter dem Kampfraum ein ausziehbarer Kurbelmast »P« (ausgezogen 9 m) vorhanden.

Das Fahrzeug diente als gepanzertes Führungsfahrzeug und war nur in geringen Stückzahlen vorhanden.

Sd. Kfz. 263 (8-Rad) bei einer Parade kurz vor Kriegsbeginn. Den Fahrzeugen folgen kleine Panzerbefehlswagen (Sd. Kfz. 265) auf Panzer I-Fahrgestell.

reichte, sollten laut Mitteilung vom 3. 12. 1942 die noch vorhandenen 75 Stück 7,5-cm-Sturmkanonen L/24 zur Bestückung von Grenadierwagen und vorhandenen 8-Rad-Panzerspähwagen verwendet werden. Büssing-NAG schuf diesen Kanonenwagen als Unterstützungsfahrzeug für die Aufklärungs-Abteilungen nach Entfernen des normalen Drehturmes.

An dessen Stelle wurde bei begrenzter Traverse eine 7,5-cm-StuK L/24 eingebaut, für die 32 Schuß mitgeführt wurden. Bei 8,7 t Gefechtsgewicht war eine Besatzung von 3 Mann vorgesehen. Ein Fu Spr Ger »a« war vorhanden. Die Bezeichnung für diese Fahrzeuge lautete »schwerer Panzerspähwagen (7,5 cm) (Sd. Kfz. 233)«.

Diese 8-Rad-»Einheitswagen« wurden ab 1938 in größeren Stückzahlen an die Einheiten überwiesen. Auf den Straßen Westeuropas bewährten sich die Fahrzeuge ausgezeichnet, während ihre Schußempfindlichkeit Anlaß zu Klagen gab. Der Motoreinbau im Heck des Fahrzeuges ergab vor allem beim Einsatz in Nordafrika viele Schwierigkeiten, da die nötige Kühlleistung selbst nach Änderung der Riemenscheibenübersetzung nicht immer erreicht werden konnte. Nebenbei lagen die Luftansaugschlitze auf dem Heckpanzer im Sog des Turmes. In Rußland kam es dann, da die Produktion in der Zwischenzeit stark gedrosselt worden war zum raschen Verschleiß der Spähwagenbestände. Das Fahrzeug war für diesen Einsatz nur bedingt brauchbar. Im Juni 1941 ergaben sich bei der Wiederaufnahme der Produktion dieser Fahrzeuge Anlaufschwierigkeiten bei den Deutschen Werken in Kiel. Am 1. 7. 1941 standen 390 dieser Fahrzeuge beim Feldheer, ihr Bestand war am 1. 4. 1942 auf 244 zurückgegangen. Ferner waren noch 112 Panzerfunkwagen vorhanden. Insgesamt wurden von Büssing-NAG 1235 dieser »GS«-Fahrzeuge hergestellt.

Als Unterstützungsfahrzeug für die Panzeraufklärungs-Einheiten stand ab 1942 ein Kanonenwagen, der schwere Panzerspähwagen (7,5 cm) (Sd. Kfz. 233) zur Verfügung.

Diese Fahrzeuge hatten die 7,5-cm-Sturmkanone L/24 mit begrenztem Seitenschwenkbereich eingebaut. Sie verteidigten Panzeraufklärungstrupps gegen gepanzerte und ungepanzerte Ziele.

Als einzig bekannte Abart des 8-Rad-Panzerspähwagens gab es dieses Ballistik-Meßfahrzeug, welches beim Artillerieversuchsschießplatz Hillersleben verwendet wurde.

Im Dezember 1942 wurde endgültig festgestellt, daß der 8-Rad-Wagen nach übereinstimmenden Urteilen der Truppe weder für den Osten noch für die Wüste eine wirklich geeignete Verwendungsmöglichkeit aufwies. Daher sollte seine Fertigung sofort auf 4-Radwagen umgestellt werden. Es war beschleunigt die zahlenmäßige Auswirkung einer solchen Umstellung auf 4-Rad-Wagen vorzulegen.

Die einzig bekannt gewordene Abart des 8-Rad-Fahrgestelles war ein Ballistik-Meßfahrzeug, welches in Hillersleben während des Krieges verwendet wurde. Das Fahrzeug hatte einen kastenförmigen, gepanzerten Aufbau.

Der Bau des Panzerfunkwagens (Sd. Kfz. 263) war bereits im Januar 1942 zugunsten der Produktion des Sd. Kfz. 251 eingestellt worden. Der Bau der restlichen »Einheitswagen« lief im Laufe des Jahres 1942 aus. Die Produktion des »L 8 V«-Motors wurde bis 1944 aufrechterhalten.

Während die Produktion des 8-Rad-Einheitswagens noch auf vollen Touren lief, erhielt das Waffenamt am 5. 8. 1940 den Auftrag über ein 8-Rad-Spähfahrzeug, welches dem Einheitsfahrzeug ähnlich, jedoch an Stelle des Rahmens eine selbsttragende Wanne erhalten sollte. Da dieses Fahrzeug in erster Linie in tropischen Gegenden Verwendung finden sollte, erging gleichzeitig an die Firma Tatra in Nesselsdorf ein Auftrag über die Entwicklung eines luftgekühlten 12-Zylinder-Dieselmotors mit ca. 220 PS Leistung. Dieses Triebwerk sollte gegen Ende 1941 zur Auslieferung gelangen. Das Gewicht des Motors sollte ca. 700 kp betragen. Das vom AHA/Ag K/In 6 geforderte Fahrzeug sollte eine erhöhte Watfähigkeit bekommen, die Panzerung sollte vorne auf 30 mm mit Oberflächenhärtung erhöht werden. Eine bessere Belüftung und Heizung des Innenraumes wurde angestrebt. Fahrgestell und Aufbau wurden von der Büssing-NAG in Berlin-Oberschönweide entwickelt, während der Panzerturm von Daimler-Benz in Zusammenarbeit mit der Firma Schichau in Elbing entworfen wurde.

Zwei Versuchsfahrzeuge waren gegen Ende 1941 fertiggestellt. Nach kurzen Fahrversuchen wurden am ersten Dieselmotor Verbesserungen und Änderungen vorgenommen und wegen seiner Geräusche besondere Vorkehrungen getroffen. Größere Fahrversuche begannen am 8. 6. 1942. Das Fahrzeug selbst war im Juli 1942 einführungsreif, das Triebwerk jedoch machte Schwierigkeiten. Die Zeichnungen zur Vermin-

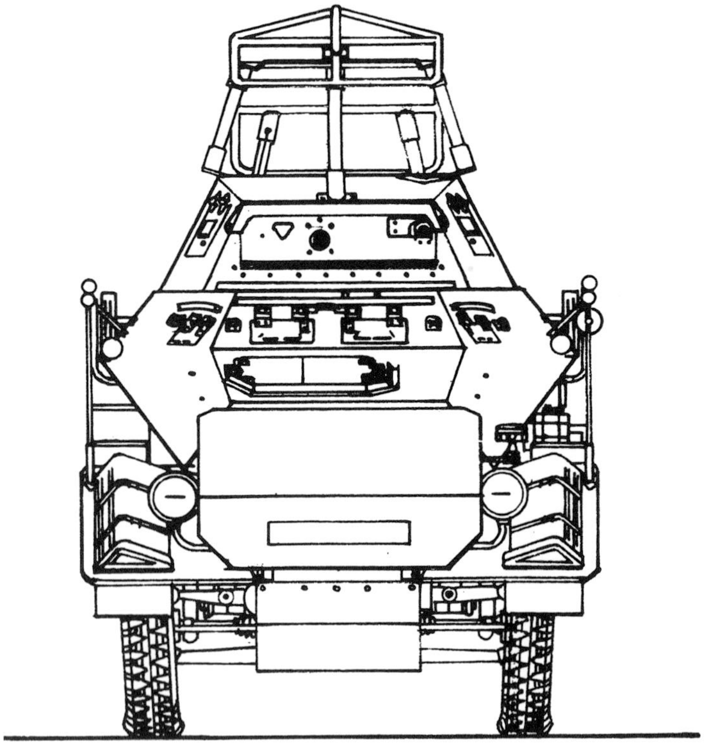

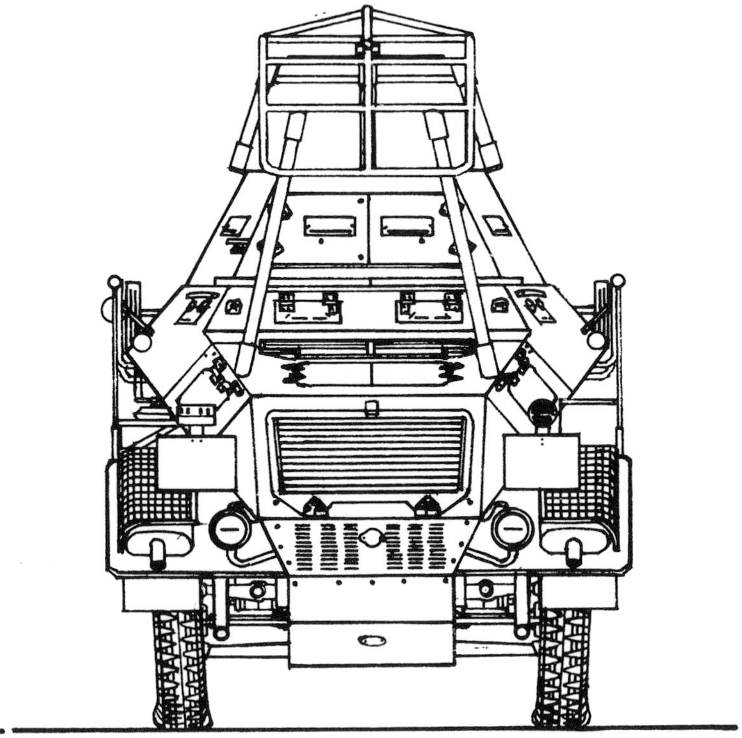

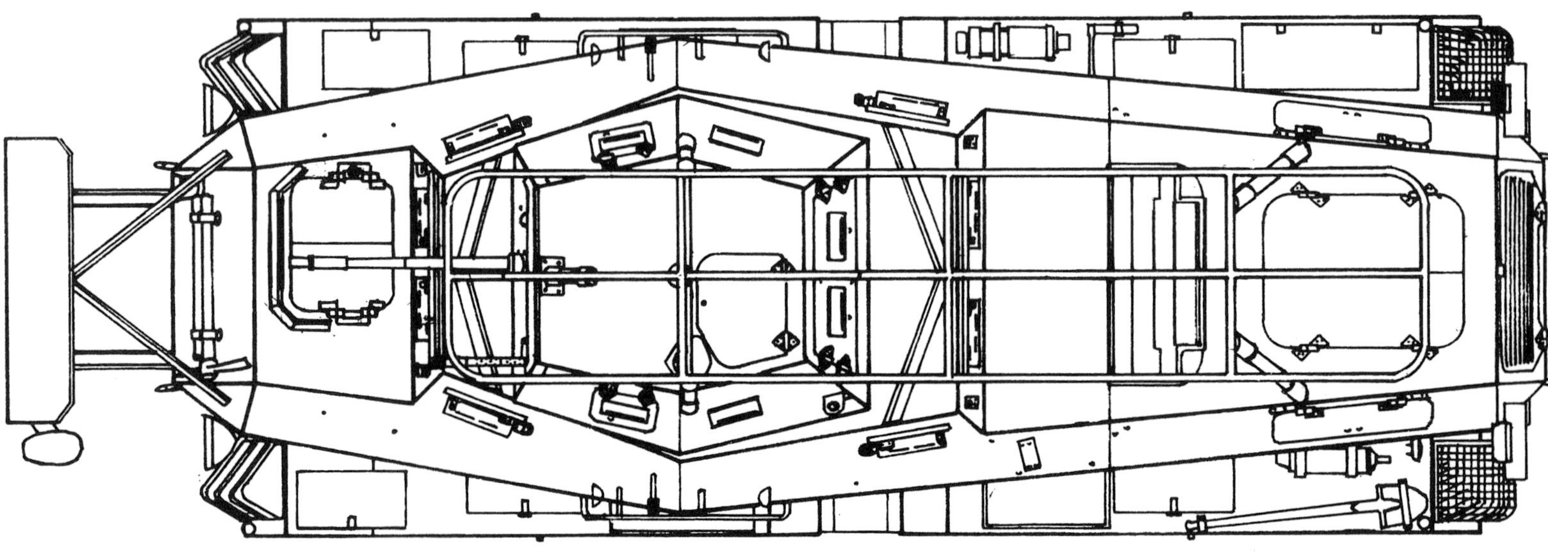

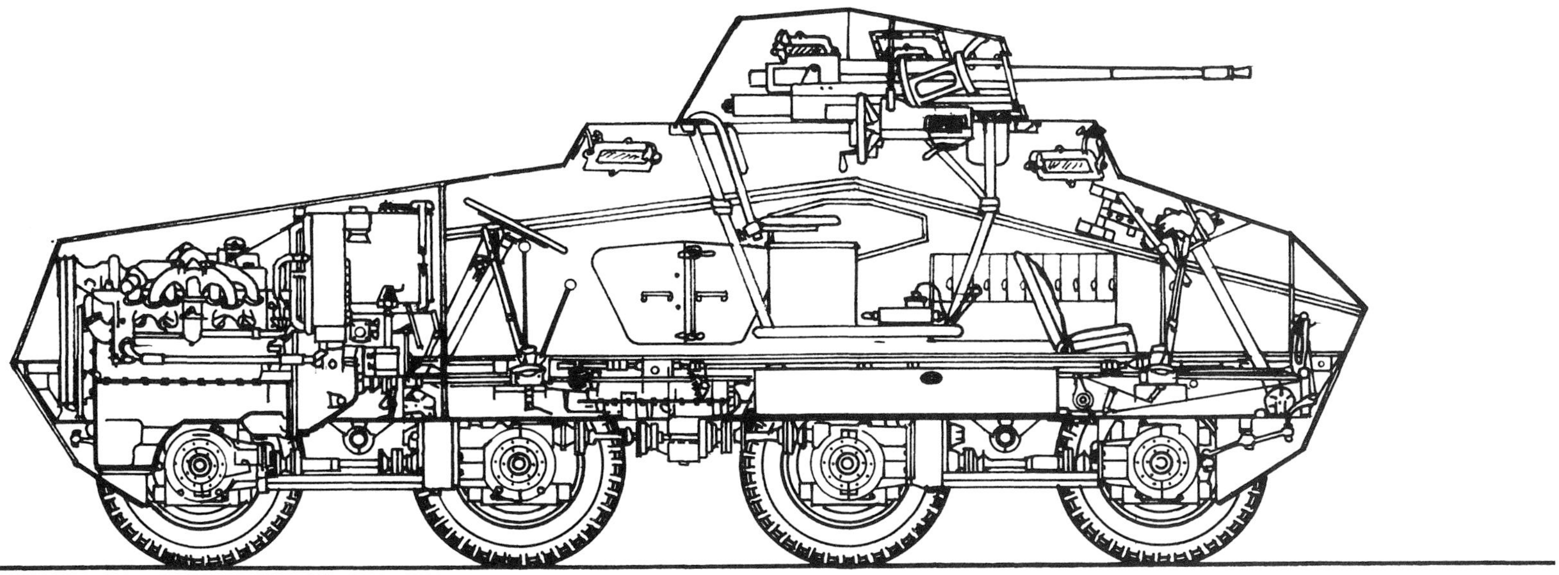

Schwerer Panzerspähwagen (8-Rad) (Fu) (Sd. Kfz. 232).

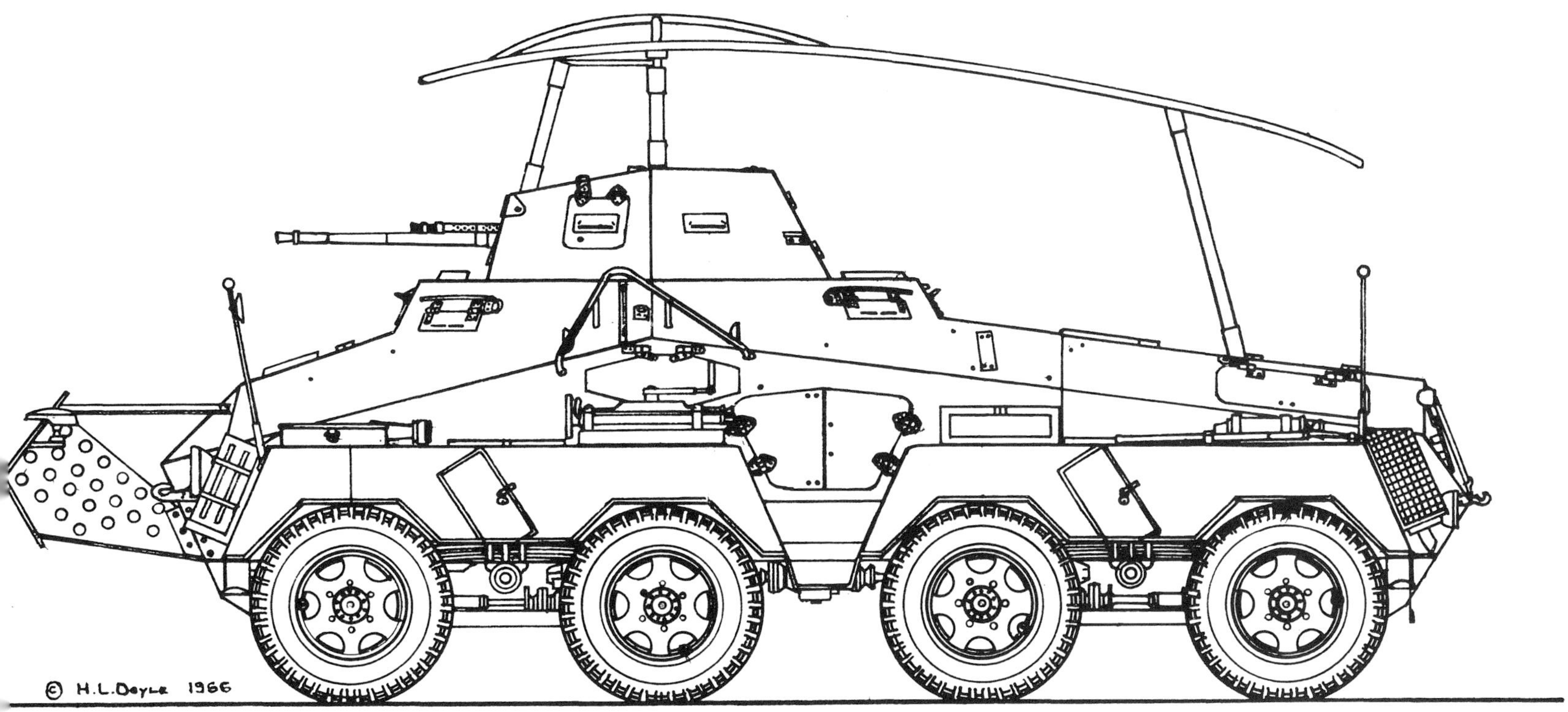

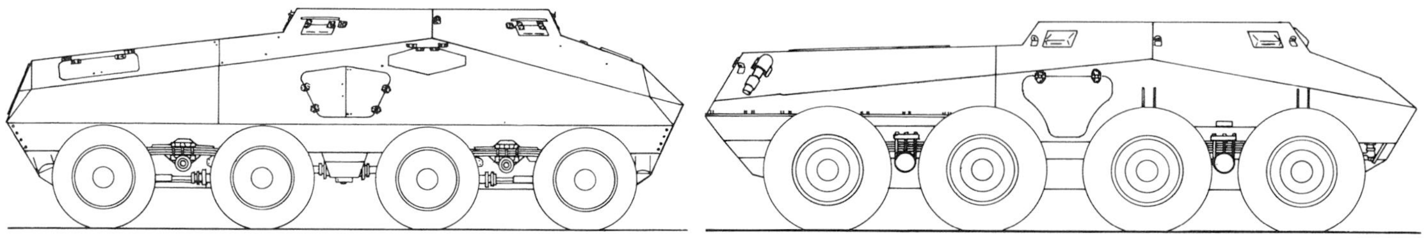

Diese Maßstabskizzen vergleichen die Fahrgestelle der Büssing-NAG-Typen »GS« und »ARK« (Sd. Kfz. 231 und 234).

derung der Motorgeräusche waren am 1. 8. 1942 fertiggestellt. Der tropenfeste dritte Motor sollte im Juni 1942 geliefert werden. Diese Tropenreife konnte jedoch erst nach den Versuchen in Lybien erklärt werden. Kriegsereignisse ließen dies nicht mehr zu.
Voraussichtlicher Beginn der Fertigung war mit 5 Stück ab Juli 1943 steigernd auf ca. 30 Fahrzeuge pro Monat festgelegt. Am 15. 6. 1943 war diese Forderung auf 80 Panzerungen, 80 Fahrgestelle und Montage und 120 Tatra-Motoren erhöht worden. Der ursprüngliche Gesamtauftrag belief sich auf 500 Fahrzeuge. Im Mai 1943 wurden die ersten drei Serienpanzerungen geliefert, das Triebwerk war noch immer nicht baureif.
Grundsätzlich waren wiederum drei Ausführungen zur Produktion vorgesehen. Grundfahrzeug bildete der »Panzerspähwagen (2 cm) (Sd. Kfz. 234/1)«. Das Fahrzeug, welches gefechtsmäßig 11,5 t wog, wurde mit der 2-cm-Hängelafette ausgerüstet, die eine 2-cm-KwK 38 sowie ein MG 42 aufnahm, welche miteinander gekuppelt waren. Diese Lafette diente als Waffenlagerung für verschiedene Sonderkraftfahrzeuge. Beide Waffen ließen sich gemeinsam oder auch einzeln abfeuern. Mit der 2-cm-Hängelafette 38 konnten Erd- und Flugziele angerichtet werden. Das Gewicht der Lafette, ohne eingelegte Waffen, betrug 540 kp. Bei einem Seitenrichtfeld

Bereits 1940 erhielten die Tatra-Werke einen Auftrag des Heereswaffenamtes über einen Motor für ein 8-Rad-Spähfahrzeug, welches in erster Linie in den Tropen Verwendung finden sollte. Auf Grund ihrer langjährigen Erfahrungen baute Tatra einen luftgekühlten 12-Zylinder-Dieselmotor, den Typ »103«.

Das Grundfahrzeug der neuen 8-Rad-Baureihe bildete der Panzerspähwagen (2 cm) (Sd. Kfz. 234/1). Nach außen hin trat vor allem die größere Bereifung in Erscheinung, ebenfalls der neue, nunmehr oben offene Drehturm. (Turm zeigt nach rückwärts).

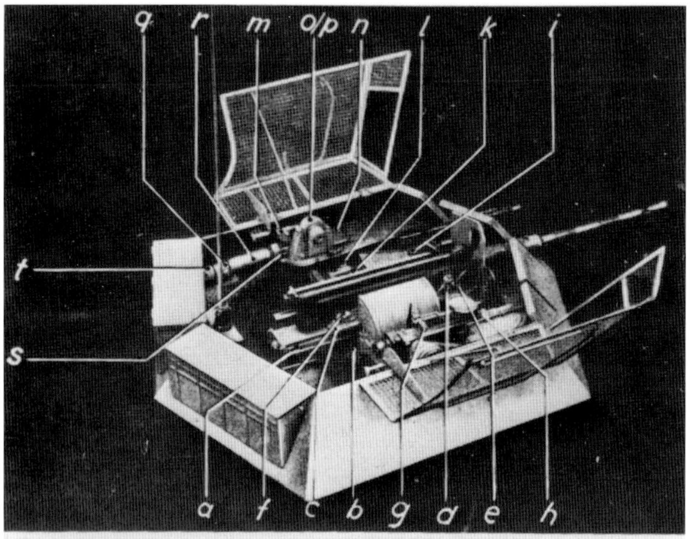

Gerät mit eingelegten Waffen (Ansicht von rechts oben)

a Wiegenkasten
b Sperrklinke
c Schlitten für KwK 38
d Lagerbock
e Zurrbolzen
f Kralle
g Einstellschraube
h Einstellschraube
i MG-Aufnahme
k Schlitten für MG
l Kralle
m Ausgleichersegment
n Linke Platte
o Linke Schildzapfenlagerung
p Linker Anschlagbock
q Lagerung
r Federtopf
s Schubstange
t Druckstück

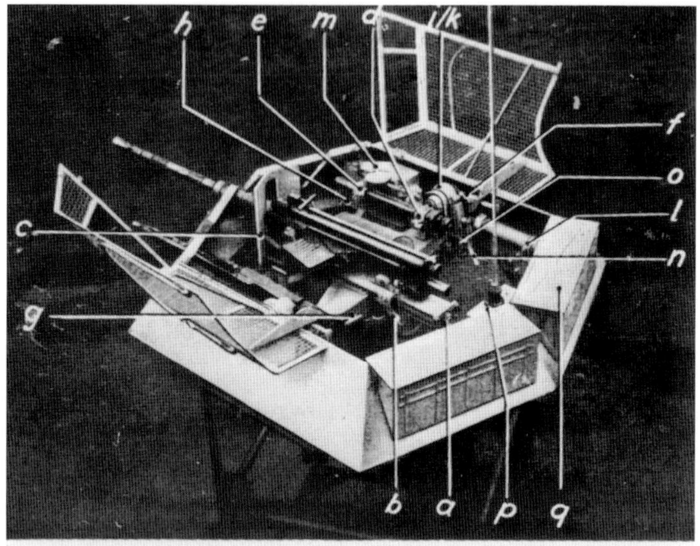

Gerät mit eingelegten Waffen (Ansicht von links oben)

a Rücklaufeinrichtung
b Lagerarm
c Schutzschild für KwK 38
d Klapplager
e Hülse
f Ausgleichersegment
g Linker Trägerarm
h Rechte Platte
i Rechte Schildzapfenlagerung
k Rechter Anschlagbock
l Lagerung
m Getriebekasten
n Kupplungshebel
o Schaltblech
p Winkelblech
q Kasten

Die 2-cm-Hängelafette 38 diente zur Aufnahme einer 2-cm-KwK 38, sowie eines MG 42. Erd- und Flugziele konnten damit bekämpft werden. Einzelheiten dieses Turmes sind in den beiden Bildern ausreichend beschrieben.

Wichtigstes Fahrzeug der neuen Spähwagen-Generation jedoch war der schwere Panzerspähwagen (5 cm) (Sd. Kfz. 234/2). Der bei diesem Fahrzeug verwendete Drehturm war von Daimler-Benz ursprünglich für den Gefechtsaufklärer »Leopard« entwickelt worden. Er führte eine 5-cm-L/60-Kanone.

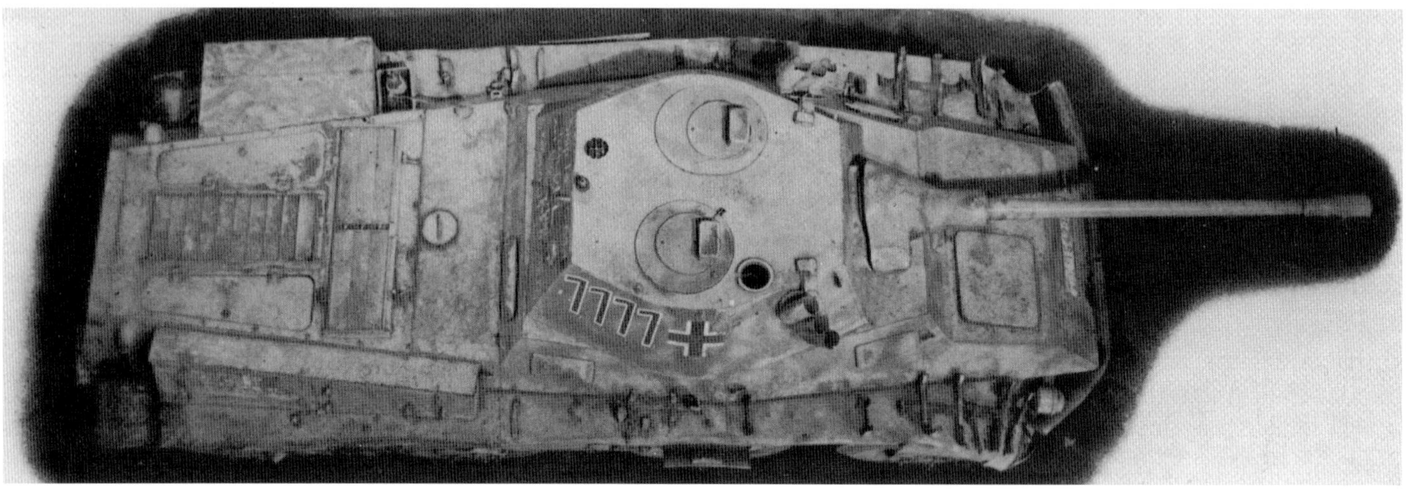

Eines der ersten ausgelieferten Fahrzeuge wird von der Truppe eingehend besichtigt.

Bei den Funkfahrzeugen wurden ausschließlich Sternantennen neuer Bauart verwendet, welche die Fahrzeuge kaum voneinander unterscheiden ließen.

Dieses Kampffahrzeug war eines der fortschrittlichsten seiner Zeit in bezug auf Kampfkraft, Beweglichkeit und Kampfdauer.

Als Unterstützungsfahrzeug lief der Panzerspähwagen (7,5 cm) (Sd. Kfz. 234/3), der im oben offenen Kampfraum eine 7,5-cm-K 51 sowie ein MG 42 führte (siehe auch Abbildung oben).

Gegen Ende des Krieges erfolgte auf persönlichen Befehl Hitlers der Einbau der 7,5-cm-Pak 40 im Sd. Kfz. 234. Nur noch wenige dieser Fahrzeuge wurden gefertigt.

von 360° ergab sich ein Höhenrichtfeld von −4 bis +70°. Kommandant und Richtschütze waren im Drehturm untergebracht, dessen Schutzschild gleichzeitig zur Aufnahme aller Lafettenteile diente. Nach oben war die Lafette durch das am Schutzschild angebrachte, nach rechts und links aufklappbare Schutzgitter abgedeckt. Der Kampfraum konnte mittels Plane völlig abgedeckt werden. Dem Funker standen ein Fu Ger 12 SE 80, eine Bordsprechanlage PZ 23 a und ein Fu Spr Ger »f« zur Verfügung. Durch den nunmehr eingebauten Dieselmotor ergab sich bei einem Kraftstoffvorrat von 360 l ein Fahrbereich von ca. 1000 km. Die von den Deutschen Edelstahlwerken in Krefeld bereitgestellte Panzerung verlangte pro Fahrzeug 8635 kp unlegierte und 6946 kp legierte Bleche.

Der »schwere Panzerspähwagen (5 cm) (Sd. Kfz. 234/2)« hatte eine 5-cm-KwK 39/1 L/60 zusammen mit einem MG 42 in einem geschlossenem Drehturm eingebaut. Dieser von der Daimler-Benz AG entwickelte Turm war ursprünglich für den Gefechtsaufklärer »Leopard« bestimmt. Die Feuerhöhe betrug 1930 mm. 55 Schuß Munition wurden für die Hauptbewaffnung mitgeführt. Das 11,74 t schwere Fahrzeug hatte eine Besatzung von 4 Mann. An Funkausrüstung waren ein Fu Ger 12 SE 80, ein Fu Spr Ger »a« und eine Bordsprechanlage vorhanden.

Die Daimler-Benz AG in Berlin-Marienfelde entwickelte ab 1936 einen gepanzerten Stabswagen, von dem nur wenige Exemplare zur Truppe gelangten. Die erste Ausführung basierte auf dem Krupp-»L 2 H 143«-Fahrgestell. Seine Bezeichnung lautete »schwerer, geländegängiger, gepanzerter Personenkraftwagen» (Sd. Kfz. 247).

Ab 1937 stand die Ausführung »1c« des Einheitsfahrgestelles II für schwere Personenkraftwagen ausschließlich für diesen Zweck zur Verfügung. Das Fahrgestell hatte einen vorne liegenden Horch-3,8-Ltr.-Motor.

Das Unterstützungsfahrzeug der Baureihe lief unter der Bezeichnung »Panzerspähwagen (7,5 cm) (Sd. Kfz. 234/3)«. Im 11,5 t schweren Fahrzeug mit 4 Mann Besatzung war eine 7,5-cm-K 51 L/24 und ein MG 42 in begrenzter Traverse eingebaut. 50 Schuß Munition wurden mitgeführt. Der Kampfraum war oben offen. Ein Fu Spr Ger »f« und ein Sprechschlauch waren vorhanden.

Der bereits erwähnte luftgekühlte Dieselmotor der Firma Tatra vom Baumuster »103« hatte 12 Zylinder in »V«-Anordnung. Mit direkter Strahleinspritzung ergab sich bei 13,8 l Hubraum und n=2250 eine Spitzenleistung von 220 PS. Dieses Triebwerk erschien später auch im Tatra-»111«-Lastkraftwagen und in anderen Panzerfahrzeugen.

Noch am 22. 6. 1944 bittet Hitler um eine Zusammenstellung von Unterlagenmaterial über den Aufwand für den schweren 8-Rad-Panzerspähwagen und behält sich eine Entscheidung nach Vorlage vor.

Am 27. 11. 1944 befiehlt Hitler, daß die nunmehr abgeschlossene Entwicklung der 7,5-cm-Pak 40 auf 8-Rad-Wagen so vorgezogen wird, daß auch hier, wenn irgendwie möglich, bereits der Dezember-Ausstoß mit der neuen Bewaffnung gewährleistet wird. Dabei wurde die gesamte Oberlafette mit Rohr und Schutzschild der 7,5-cm-Räder-Pak 40 unverändert auf einem Pivot in der Mitte des Kampfraumes aufgesetzt.

Um eine jederzeitige Auswechslung aller Pakgeschütze ohne Umarbeitung an der Front vornehmen zu können, sollte untersucht werden, ob die für den Aufbau der Pak 40 auf mittleren SPW notwendigen Ausspa-

Während ursprünglich kein Funkgerät in diese Fahrzeuge eingebaut wurde, ergab sich während des Krieges eine Verwendung dieser Fahrzeuge als gepanzerte Funkstelle. Bild zeigt ein solches Fahrzeug der Division »Großdeutschland« beim Einsatz in Rußland.

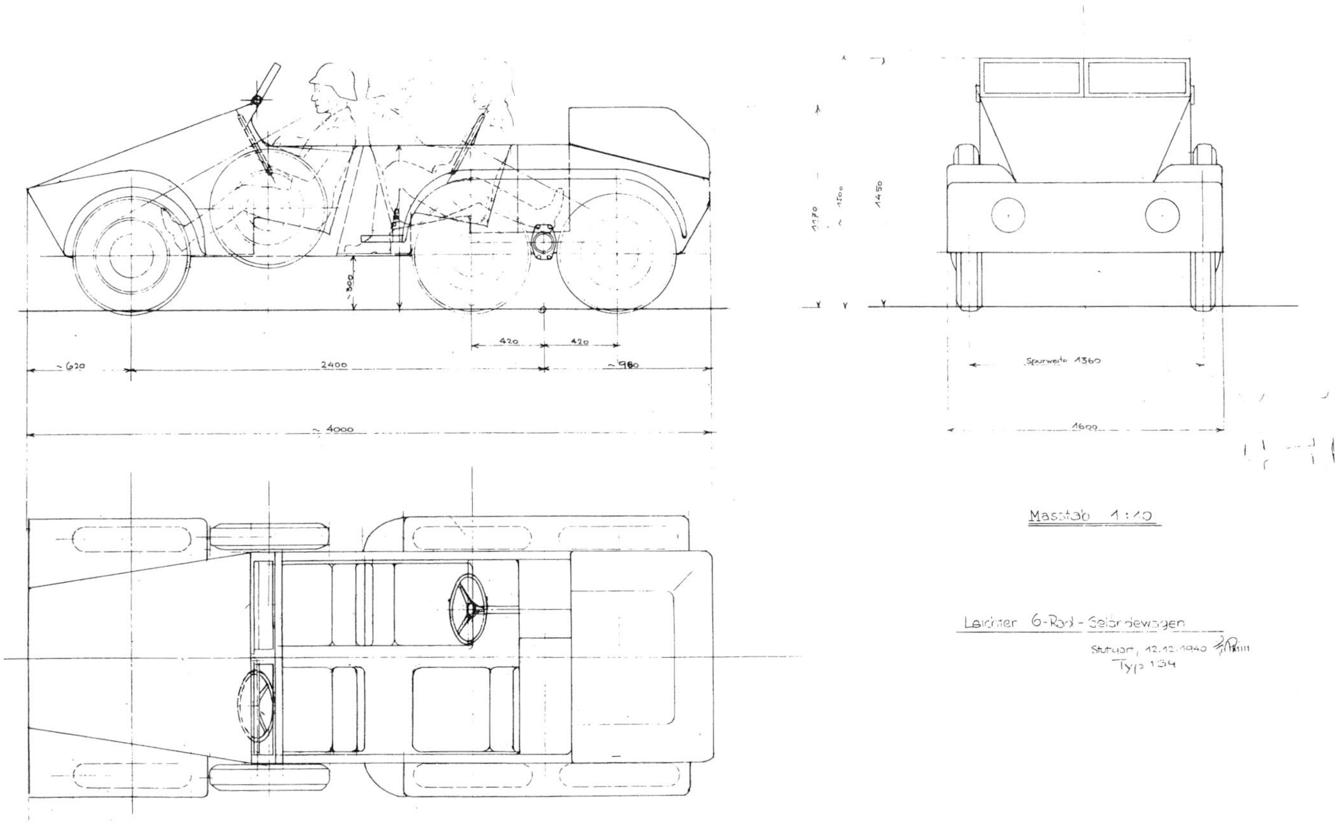

Original-Entwurfsskizze über einen leichten 6-Rad-Geländewagen für Aufklärungszwecke, der ursprünglich mit leichter Panzerung versehen werden sollte (Porschetyp 164).

rungen am Schutzschild bei sämtlichen Pak 40 vorgenommen werden können.
Zwei Tage später betont Hitler nochmals, daß er entscheidenden Wert auf einen sofortigen Anlauf der 7,5-cm-Pak 40 auf dem 8-Rad-Wagen lege. Es sollte alles versucht werden, bereits den Ausstoß Dezember mit der neuen Kanone zu bringen.
Am 5. 12. 1944 bezeichnete Hitler den 8-Rad-Panzerspähwagen mit der 7,5-cm-Pak 40 als eine der besten technischen Lösungen des gesamten Krieges.
Im Januar 1945 sollte die Frage der ausschließlichen Bewaffnung der 8-Rad-Panzerspähwagen mit 7,5-cm-Pak 40 beziehungsweise dem 2-cm-Drilling nochmals mit dem Generalinspekteur der Panzertruppen besprochen werden. Sollte durch neu eingeleitete Maßnahmen eine ausreichende Munitionsversorgung für die 2-cm- bzw. 15-mm-Rohre sicherzustellen sein, so sei dieser Lösung der unbedingte Vorrang vor der Hängelafette 38 zu geben.
Nach Angaben der Büssing-NAG, welche die Produktion der Fahrwerksteile und die Montage ausschließvornahm, wurden insgesamt ca. 2300 dieser »ARK«-Fahrzeuge gefertigt. Diese Zahl steht im Widerspruch mit dem offiziellen Bericht Speers vom 27. 1. 1945 (Nr.: M 1362.45 g. Rs.), der folgende Produktionszahlen für Panzerspähwagen angibt: 1940 – 163, 1941 – 385, 1942 – 583, 1943 – 613 und 1944 – 391.
Die Panzerspähwagen der 234-Baureihe ersetzten ab 1944 die Fahrzeuge der früheren 8-Rad-Baureihe und stellten mit ihrem modernen Konstruktionsmerkmalen eines der fortschrittlichsten Radpanzerfahrzeuge des Zweiten Weltkrieges dar.

Von der auf dem Schwimmwagen der Trippel-Werke GmbH basierenden »Schildkröte«-Panzerspähwagen-Baureihe wurden nur Prototypen gefertigt. Mehrere Prototypen wurden gefertigt, davon einer mit einem MG im Drehturm, während ein anderer eine 2-cm-Bewaffnung erhalten sollte. Bilder zeigen den Typ »Schildkröte I« im Schwimmeinsatz.

Neben dem Spähpanzer-Prototyp wurde ein gepanzertes Munitionsfahrzeug, der Typ »E 3 M« geschaffen. Auch davon wurde nur ein Stück gebaut.

Gepanzerte Stäbewagen

Die Daimler-Benz AG in Berlin-Marienfelde wurde 1936 beauftragt, einen gepanzerten Stabswagen zu entwickeln, der Truppenführern den Einsatz an der Front ermöglichte. Die Fahrzeuge sollten ebenfalls bei Aufklärungs-Abteilungen und Regimentern Verwendung finden. Daimler-Benz entwickelte lediglich die Aufbauten und mußte als Grundlage zu Beginn der Entwicklung das Fahrgestell des Krupp-»Boxers«, des Typs »L 2 H 143«, verwenden. Der oben offene Aufbau war SmK-sicher gegen horizontalen Beschuß auf alle Entfernungen. Eine Zeltplane schützte den Innenraum gegen Wetter. Es war keine fest eingebaute Bewaffnung vorhanden. Lediglich eine MP 38 mit 192 Schuß wurde zur Selbstverteidigung mitgeführt. Die Panzergehäuse wurden von der Deutschen Edelstahl AG, Werk Hannover-Linden, gefertigt. Die offizielle Bezeichnung dieser Fahrzeuge lautete »schwerer, geländegängiger, gepanzerter Personenkraftwagen (Sd. Kfz. 247)«.

Ab 1937 stand dann das Einheitsfahrgestell II für schweren Personenkraftwagen zur Verfügung. Dabei ergab sich für den gepanzerten Stäbewagen eine besondere Ausführung, der Typ »1 c« (ab Fahrgestell-Nr. 140 001). Das Fahrzeug hatte Vierradantrieb und Vorderradlenkung. Die seitlichen Stützachsen entfielen. Das Fahrgestell wurde nur für Aufbauten mit Seitenpanzerung gefertigt. Ein Horch-3,8-l-V 8-Motor war vorne eingebaut. Ein besonderes Kühlgebläse erhöhte die Kühlleistung im Panzergehäuse. Der Lenkstock, eine »ZF Ross, Modell 700 L«-Lenkung, war wie im leichten Panzerspähwagen in seiner Neigung dem Panzeraufbau angepaßt. Die Fahrzeuge wurden ausschließlich mit einer 600-Watt-Lichtmaschine von Bosch ausgerüstet.

Das Gesamtgewicht betrug 4,46 t. Sechs Mann konnten befördert werden, ein Funkgerät war nicht vorhanden.

Anscheinend wurde nur eine geringe Anzahl dieser Fahrzeuge gefertigt.

1941 war auch vorgesehen, auf Volkswagenbasis einen Spähwagen mit Sechsradantrieb, schwimmfähig, mit selbsttragendem Aufbau in das Entwicklungsprogramm der Firma Porsche aufzunehmen. Dieser Typ »164« blieb allerdings in der gedanklichen Planung stecken, wobei folgende Hauptmerkmale festgelegt wurden: Reifengröße 270-16, neuer Motor mit ca. 50-60 PS Leistung, Sechsganggetriebe mit maximaler Geschwindigkeit von 100 km/h. Geschwindigkeit im ersten Gang ca. 8,5 km/h, Schwimmantrieb durch zwei Propeller. Erste Vorschläge sahen eine Panzerung des Fahrzeuges vor, welche jedoch rasch in eine Teilpanzerung umgewandelt wurde. Später entfiel sie ganz. Das Fahrzeug selbst war mit Vor- und Rückwärtsfahrer vorgesehen, als Bewaffnung diente ein Doppel-MG mit 360°-Drehkranz.

Die ersten Versuche der Austro-Daimler-Puchwerke AG in Wiener-Neustadt ergaben ein gepanzertes 8-Radfahrzeug, dessen erste Prototypen 1933 erschienen. Unsere Skizze gibt einen Vergleich zwischen dem Versuchs- und dem Serienaufbau des Fahrzeuges.

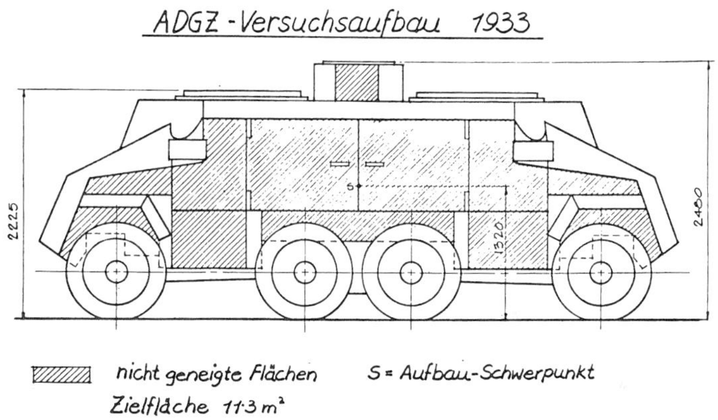

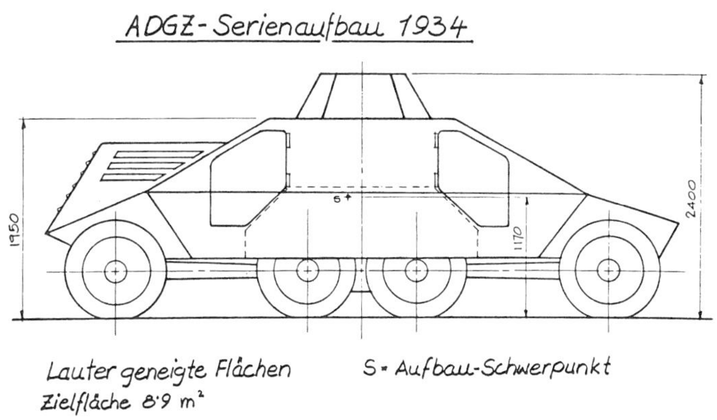

Das Fahrzeug mit dem Versuchsaufbau im Gelände. (Typ »ADGZ«)

Schildkröte-Baureihe

Die Trippel Werke GmbH, Fabrik für die Herstellung schwimmfähiger Kraftfahrzeuge, welche im Juli 1940 von Homburg nach Molsheim (Elsaß) verlegt worden war, stellten neben dem bekannten schwimmfähigen Geländewagen »SG 6« im Jahre 1943 auch einen Prototyp »SG 7« her. Dies war wiederum ein allradgetriebener, schwimmfähiger Wehrmachtstyp. Als Antrieb wurde ein luftgekühlter 3-l-Tatra-»V« 8-Motor, Typ 87, mit 70 PS Leistung verwendet. Dieses Fahrgestell bildete die Grundlage für einen leichten, schwimmfähigen Panzerspähwagen. Drei Prototypen wurden bis 1944 gebaut, welche unter der Typenbezeichnung »E 3« liefen. Zwei Schiffsschrauben machten das Fahrzeug im Wasser beweglich. Das erste Fahrzeug, »Schildkröte I«, war mit einem MG im Drehturm ausgerüstet, »Schildkröte II« sollte ein 20-mm-MG 151 bzw. 2 MG 34 erhalten. Beim 3. Prototyp, »Schildkröte III«, war ausschließlich ein MG 151 zum Einbau vorgesehen. Ursprünglich war eine Panzerung von 7 bis 7,5 mm vorgesehen, die später auf 10 mm erhöht werden sollte. Diese Fahrzeuge konnten ebenfalls durch Transportflugzeuge befördert werden. Neben den Spähpanzern wurde noch der Prototyp eines unbewaffneten Munitionsfahrzeuges, der Typ »E 3 M«, gebaut. Die Entwicklung wurde 1944 abgeschlossen. Technische Schwierigkeiten und die

Das Produktionsmodell des Fahrzeuges »ADGZ«, von dem bis 1937 siebenundzwanzig Stück gebaut wurden.

Nach 1938 wurden diese Fahrzeuge von der Polizei und teilweise auch von der Wehrmacht übernommen. 1942 wurden weitere 25 Stück nachbestellt.

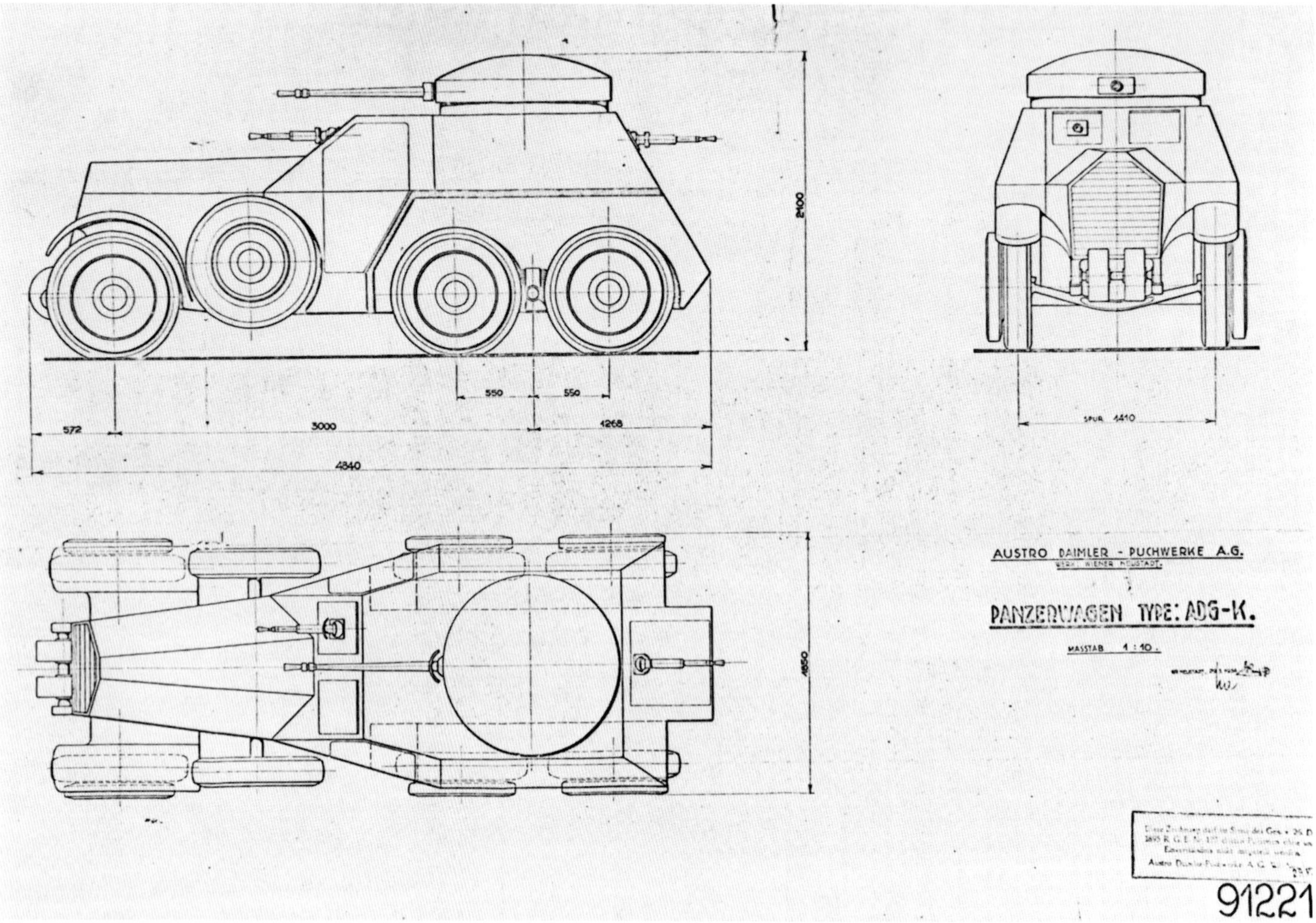

Der Entwurf über ein Straßen-Panzerfahrzeug der Austro-Daimler-Puch AG, basierend auf dem 6-Rad-Geländewagen »ADG« (Typ ADG-K). Das Fahrzeug wurde nicht gebaut.

Kriegslage machte eine Weiterverfolgung des Projektes unmöglich.

Übernommene Radpanzerfahrzeuge

Die Besetzung Österreichs im Jahre 1938 brachte den gesamten Militärfahrzeugpark dieses Landes in den Besitz der Deutschen Wehrmacht. Darunter befanden sich eine ganze Reihe interessanter Entwicklungen, auf die nun näher eingegangen werden soll.

Die 1928 gegründete »Austro Daimler-Puchwerke« AG in Wiener-Neustadt hatte 1931 mit der Entwicklung eines 8-Rad-Straßenpanzerfahrzeuges begonnen, von dem die ersten Prototypen 1933 in den Fahrversuch gelangten. Bekanntlich wurde diese Firma 1934 von den Steyr Werken AG übernommen. Die »ADGZ«-Fahrzeuge wurden daraufhin von Steyr fertig entwickelt und gingen ab 1935 in Produktion. Bis 1937 waren 27 dieser Fahrzeuge hergestellt. Das Fahrge-

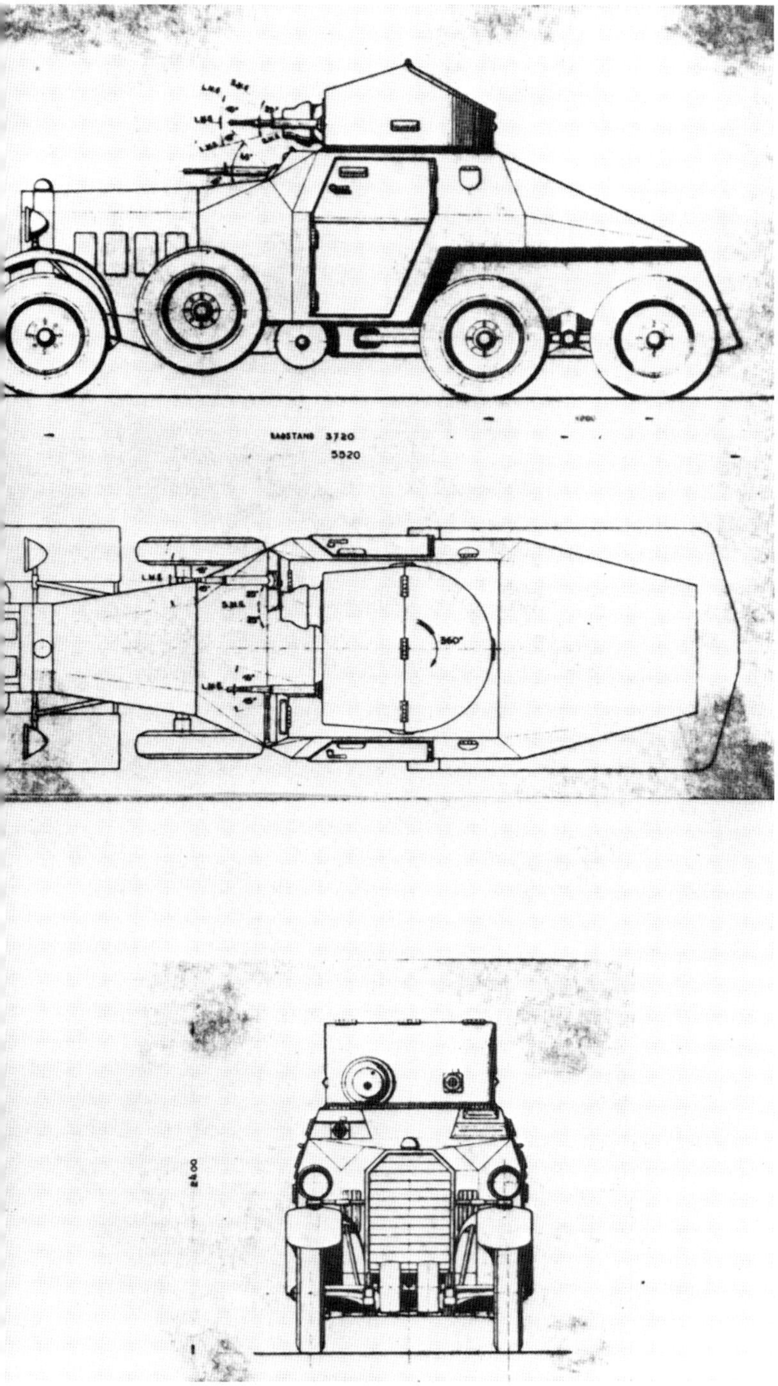

Ein anderer, nicht ausgeführter Entwurf auf dem »ADG«-Fahrgestell aus dem Jahre 1936.

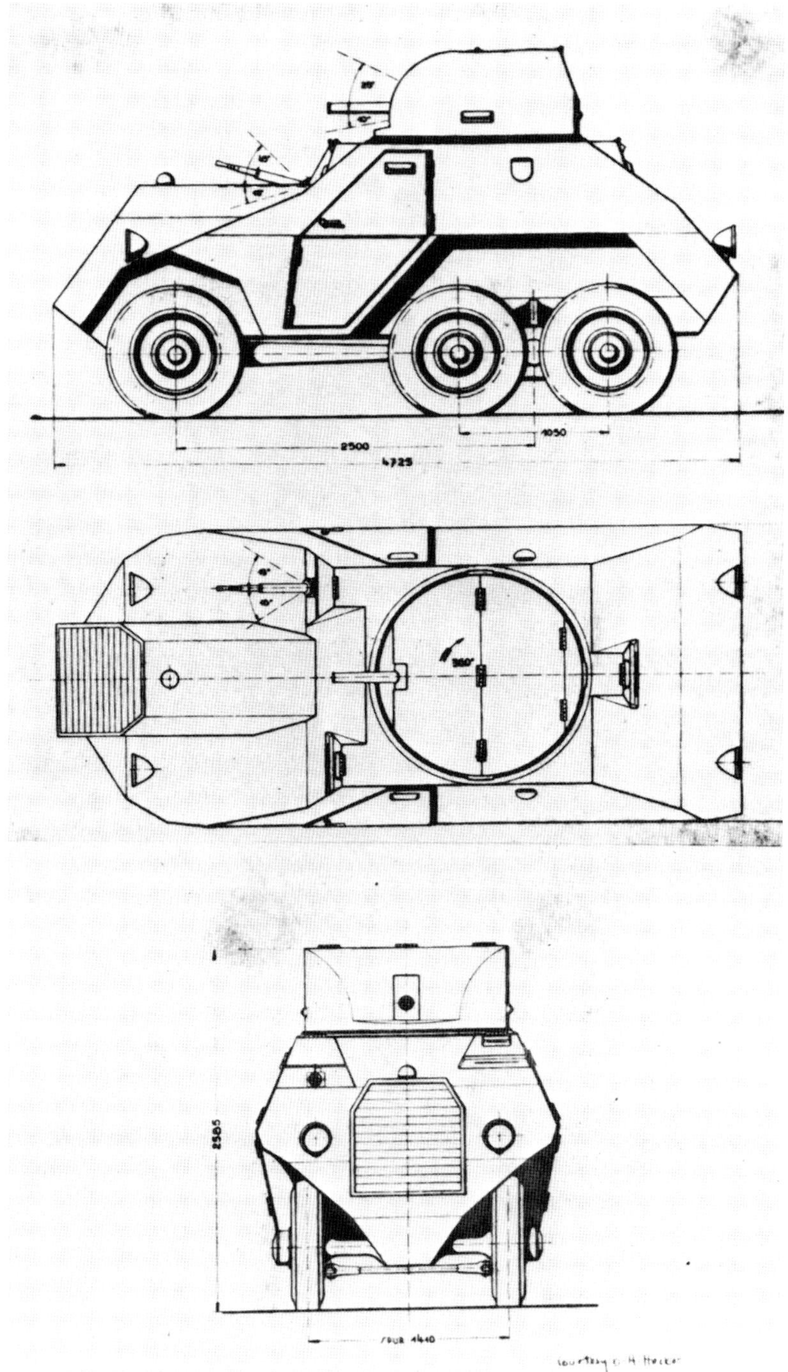

Die in einer Stückzahl von 30 Einheiten gebaute Heeres-Zugmaschine der Austro-Daimler-Puch AG vom Typ »ADAZ« bildete die Grundlage für diesen Entwurf eines Straßenpanzerwagens. Das Projekt wurde nicht verwirklicht.

stell war als kräftiger Parallelogrammrahmen ausgebildet, an dessen Ende der Motor und das hydraulische Getriebe untergebracht waren. Der Kühler mit seinem Gebläse wurde an das andere Rahmenende verlegt. Die beiden Fahrersitze waren seitlich links neben dem Motor und rechts neben dem Kühler angeordnet. Die freibleibende Seite rechts neben dem Motor und links neben dem Kühler bot Platz für die beiden IMG-Schützen. Das 6-Zylinder-Steyr-Triebwerk, Baumuster »M 612«, hatte bei 11,9 l Hubraum eine Leistung von 150 PS. Der Kraftstoff war in vier Behältern mit insgesamt 200 l untergebracht. Das hydraulische Getriebe der Voith-Werke übertrug mittels Drehmomentwandler die Motorenleistung auf alle acht angetriebenen Räder. An jeder Seite der beiden Mittelachsen befand sich ein Stahlguß-Schwingarm, der um eine zur Wagenlängsrichtung parallele Achse in einer vertikalen Ebene schwang. Die Federung erfolgte durch längsliegende Halbelliptikfedern. Die beiden Lenkachsen wurden durch querliegende Blattfedern abgestützt. Reifen der Größe 8,25-20 wurden verwendet, wobei die beiden Mittelachsen doppelbereift waren. Der ursprünglich kastenförmige Panzeraufbau wurde bei der Serienausführung ballistisch besser geformt und die Ziel-Fläche von 11,3 auf 8,9 qm reduziert. Der Aufbauschwerpunkt wurde von 1320 auf 1170 mm abgesenkt. Das Gesamtgewicht der »ADGZ«-Fahrzeuge betrug mit 6 Mann Besatzung ca. 12 t. Neben 2 bis 3 leichten MG kam als Hauptbewaffnung im Drehturm eine 2-cm-KwK 35 L/45 zum Einbau. Die Panzerung betrug 11 mm rundum. Die Fahrzeuge wurden, da die Wehrmacht kein Interesse zeigte, von der Polizei übernommen und mit 4 Mann Besatzung und einer etwas veränderten Bewaffnung als Polizei-Panzerkampfwagen eingesetzt. Sie wurden in der Regel zugweise (2 Fahrzeuge) verwendet. Sie wurden u. a. von der Polizei 1939 beim Kampf um Danzig benutzt. 1942 erfolgte ein Zusatzauftrag über weitere 25 Stück dieser Fahrzeuge, die zur Bandenbekämpfung verwendet wurden. Unter Verwendung der ADG-Geländewagen-Fahrgestelle erschienen um 1935 verschiedene Entwürfe über gepanzerte Aufbauten für diese Fahrzeuge. Sie kamen jedoch nicht zur Ausführung (Typ ADGK). Ein ähnlicher Entwurf basierte auf dem Fahrgestell des »ADAZ«-Artillerie-

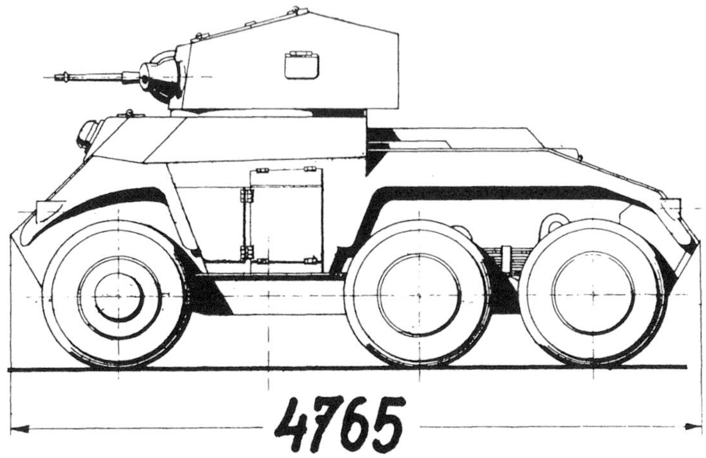

Als Einzelfahrzeug gebaut wurde der Typ »ADKZ« der Austro-Daimler-Puch AG, welche zu dieser Zeit bereits von der Steyr-Daimler-Puch AG übernommen worden war.

Alle sechs Räder dieses Prototyps waren angetrieben. Im Drehturm waren zwei MG unterzubringen.

Später wurde dieses Fahrzeug mit geänderten Kotflügeln, gepanzerten Scheinwerfern und vorderen Abstützrollen ausgerüstet. Ferner wurde eine Funkanlage eingebaut.

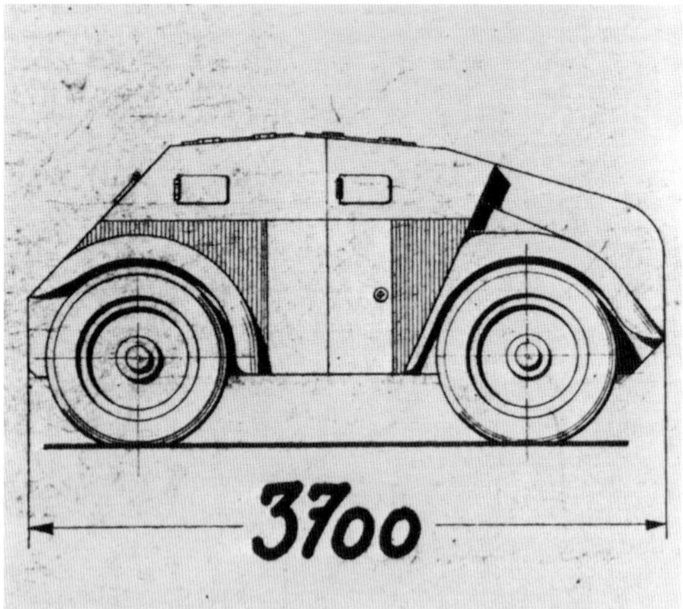

Als leichten Spähpanzer plante die Steyr-Daimler-Puch AG 1936 den Typ »ADSK«. Dieses leichte Fahrzeug sollte die 4. Kompanien der Panzerwagen-Bataillone ausrüsten.

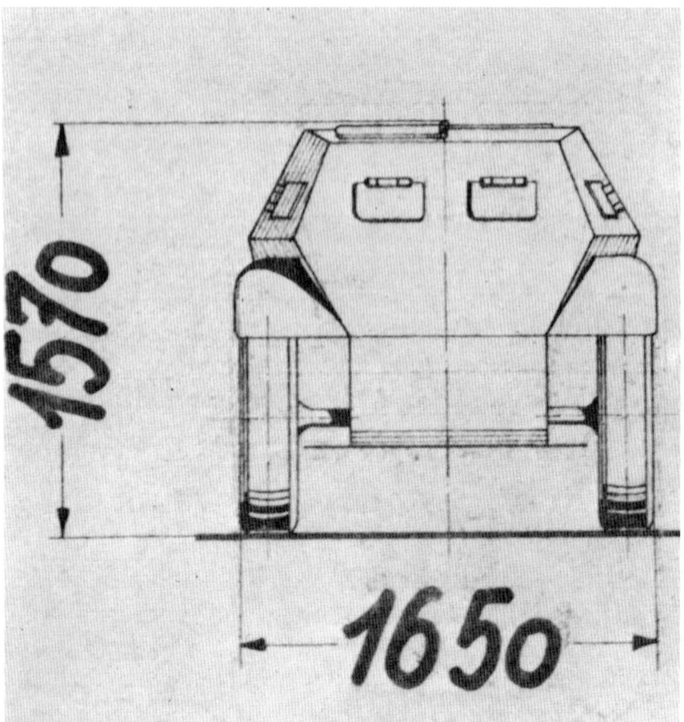

zugwagens. Tatsächlich gebaut wurde 1937 ein Prototyp des 6-Rad-Panzerwagens »ADKZ«. Alle 6 Räder waren angetrieben. Ein 120-PS-Typ-»M 650«-Steyr-Vergasermotor mit 5 l Hubraum gab dem Fahrzeug eine Höchstgeschwindigkeit von 90 km/h. Steigungen bis zu 70 Prozent konnten bewältigt werden. Im Drehturm war der Einbau von zwei MG vorbereitet. Das Fahrzeug wurde später mit geänderten Kotflügeln, gepanzerten Scheinwerfern und vorderen Abstützrollen versehen.

1936 begann bei der Steyr-Daimler-Puch AG die Planung für einen Spähpanzerwagen Typ »ADSK«. Dieses 1,7 t schwere, vierradgetriebene Fahrzeug hatte einen selbsttragenden Panzeraufbau von 7 mm Dicke. Die Radaufhängung war unabhängig an Dreieckslenkern und schrägliegenden Blattfedern befestigt. Ein luftgekühlter Steyr-Vergasermotor mit 65 PS Leistung wurde eingebaut. Reifen der Größe 230-18 wurden verwendet. Bei vier Mann Besatzung konnte ein MG in der in der Fahrerfront eingebauten Kugelblende eingesetzt werden. Ursprünglich zeigte der Panzeraufbau eine völlig glatte, schrägliegende Fahrerfront, die bei späteren Ausführungen abgestuft ausgelegt wurde. 1937 wurde davon ein Exemplar gebaut, dem 1938 fünf weitere folgten. Die Fahrzeuge sollten zur Ausrüstung einer 4. Kompanie des Panzerwagen-Bataillons dienen und waren für 1939 bis 1940 vorgeplant.

Im Zuge der Kampfwagen-Entwicklung mit Wechsellaufwerk (Räder-Raupen-Fahrzeug) ergaben sich auch in Deutschland Konstruktionen dieser Art. Bereits 1928 entwickelte Dipl.-Ing. O. Merker im Auftrag der Gutehoffnungshütte in Oberhausen-Sterkrade für die schwedische Tochtergesellschaft AB Landsverk in Landskrona einen leichten Kampfwagen mit Wechsellaufwerk. Nach damaligen Vorstellungen ließ sich die Problematik des Gleiskettenlaufwerkes dadurch am besten lösen, daß man es nur für den Geländebetrieb einsetzte, während man auf ausgebauten Wegen und Straßen das Fahrzeug auf Rädern laufen ließ. Insgesamt wurden von der Gutehoffnungshütte sechs dieser Fahrzeuge gebaut, von denen eines 1930 auch zur Panzer-Erprobungsstelle Kama in der Sowjetunion kam. Das Fahrzeug erwies sich dort als untermotorisiert, das Laufwerk als überlastet. Erst nach Abnahme

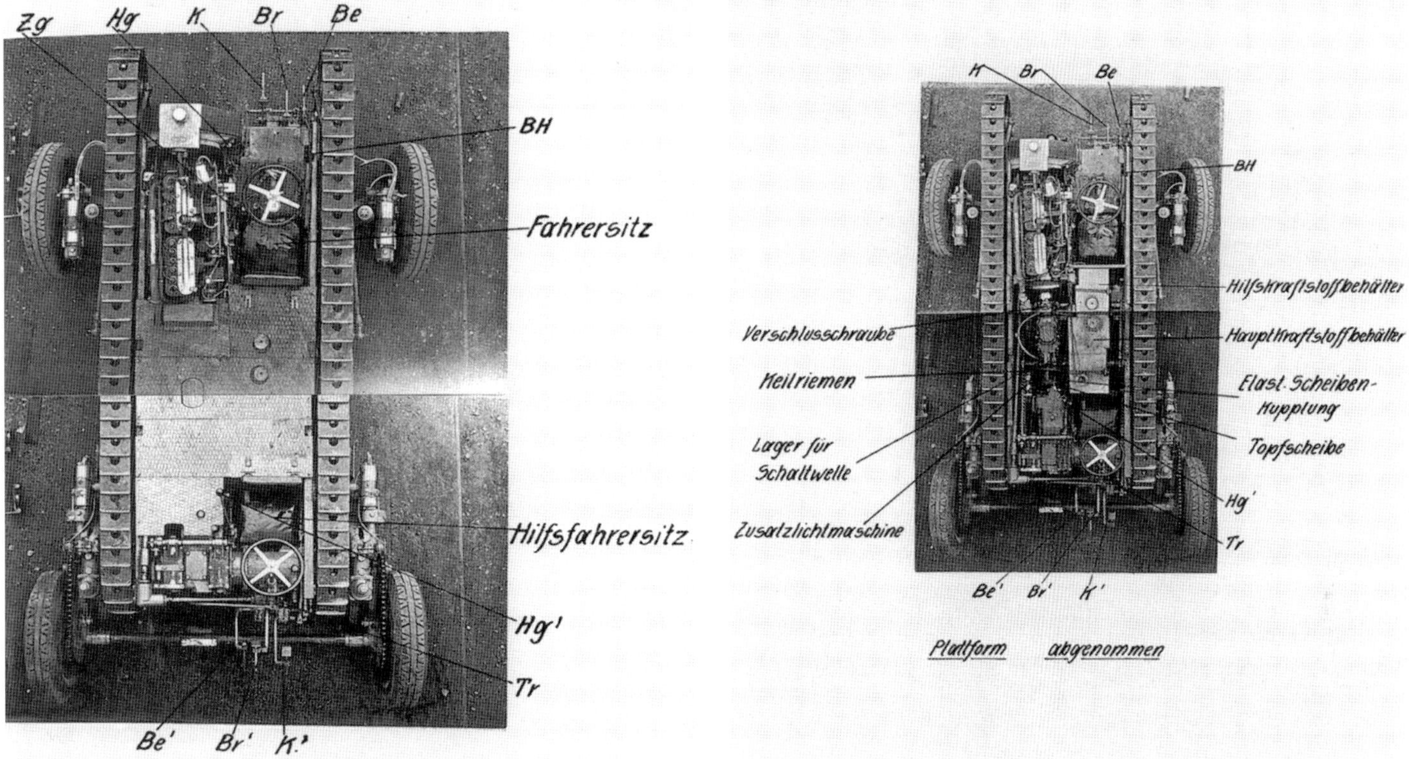

Die Gutehoffnungshütte (GHH) stellte 1928 einen leichten Kampfwagen mit Wechsellaufwerk vor. Die Bilder zeigen eine Draufsicht auf das Fahrgestell mit Angabe der wichtigsten Einzelteile.

des gepanzerten Aufbaus zeigte das Fahrgestell zufriedenstellende Leistungen im Gelände.

Beim leichten Räder-Raupen-Kampfwagen M 28 war der Motor vorne links in einem U-förmigen Rahmen untergebracht. Der Fahrersitz befand sich unmittelbar neben dem Motor. Das Fahrzeug hatte außerdem für den Rückwärtsfahrer einen Hilfsfahrersitz, der am anderen Ende des Fahrgestells angeordnet war. Die Versuchsfahrzeuge 1 bis 3 waren mit einem Benz-50-PS-4-Zylinder-Ottomotor, die Versuchsfahrzeuge 4 bis 6 mit einem 70-PS-NAG-D7P-4-Zylinder-Ottomotor ausgerüstet. Der 50-PS-Benz-Motor hatte bei 80 mm Bohrung und 138 mm Hub einen Hubraum von 4160 cm^3, eine Verdichtung von 4,75 und bei n = 1950 1/min eine Höchstleistung von 52 PS. Der Kraftstoffverbrauch betrug 14 kg/h, der Ölverbrauch 0,4 kg/h.

Der NAG-D7P-Motor hatte eine Höchstleistung von 77 PS bei 3400 1/min. Die Zylinderbohrung betrug 80 mm, der Hub 120 mm, der Hubraum somit 3620 cm^3. Die Verdichtung lag bei 5,5. In der Stunde verbrauchte der Motor 18 kg Kraftstoff und 0,6 kg Öl. Beim Benz-Motor wurde eine Lederkonuskupplung eingebaut, das Wechselgetriebe Typ K 45 lieferte die Zahnradfabrik Friedrichshafen. Ein Zusatzgetriebe und ein Umkehrgetriebe ergaben zweimal zwei Vorwärts- und Rückwärtsgänge. Die Hinterräder wurden mittels Ketten angetrieben, die Hinterachse war als Rohrachse ausgebildet, die Vorderachse als Kurbelachse. Die Federung erfolgte bei Gleiskettenfahrt durch Halbelliptikfedern, bei Radfahrt dagegen durch Auslegerfedern.

Die Ansicht des Fahrgestells von rechts. Gut sichtbar das Lenkrad für den Rückwärtsfahrer.

Die Ansicht des Fahrgestells von links. Der Kühler befand sich vorne im Fahrzeug.

Eine Gegenüberstellung des Fahrgestells, gesehen von hinten bei Räderbetrieb und von vorne bei Gleiskettenbetrieb.

Die rechte Fahrzeugseite des kompletten Fahrzeuges im Räder-
... und im Gleiskettenbetrieb.

Außenbandbremsen wirkten auf das Lenkgetriebe und wurden bei Gleiskettenfahrt gleichzeitig als Lenkbremsen verwendet. Die Fußbremse war als Innenbackenbremse ausgelegt und wirkte auf alle vier Räder. Die Antriebsübersetzung betrug bei Gleiskettenbetrieb 5,4, bei Radbetrieb 4,58. Auf jeder Seite des Gleiskettenlaufwerkes waren je zwei Rollenwagen mit je vier Laufrollen an einer Halbfeder und je ein Rollenwagen mit zwei Laufrollen an einer Auslegerfeder abgestützt. Die Querblattfeder stand in Verbindung mit den Vorderkurbelachsen. Jede der 200 mm breiten Gleisketten hatte 66 Kettenglieder, die Kettenteilung betrug 120 mm.
Bei einem Gefechtsgewicht von etwa 7 t ergab sich ein Bodendruck von 0,85 kg/cm^2.
Die Stahlscheiben-Räder waren mit beschußsicherer Bereifung der Größe 975 × 225 bzw. 36 × 8 ausgerüstet. Der Radstand betrug 2800 mm, das Fahrgestell hatte eine Länge von 4380 mm und eine Höhe (bei Radbetrieb) von 1480 mm, das Fahrgestell wog ca. 5,3 t. Bei den Versuchsfahrzeugen 1 bis 4 war eine elektromotorische, bei den Fahrzeugen 5 und 6 eine hydraulische Hubvorrichtung zur Umstellung von Rad- auf Gleiskettenbetrieb eingebaut. Der Gesamthub betrug 360 mm, die Bodenfreiheit 150 mm. Für den elektromotorischen Hub waren vier 12 Volt-Batterien vorgesehen. Bei Versagen des motorischen Antriebes konnten vier Mann in etwa fünf Minuten mechanisch die Umstellung vornehmen. Der Antriebswechsel erfolgte vollautomatisch innerhalb von 50 Sekunden, die Umstellung von Vor- auf Rückwärtsfahrt dauerte 4 bis 5 Sekunden.
Für die Lenkung bei Gleiskettenbetrieb war ein Planetengetriebe (Kupplungslenkung), für die Radlenkung ein Schneckengetriebe vorgesehen.
Bei eingebautem Benz-Motor faßte der Kraftstoffbehälter 70 l, beim NAG-Motor 85 l, zusätzlich war ein Hilfsbehälter mit 30 l Inhalt vorhanden. Der Fahrbereich betrug bei Radfahrt 180 km, bei Gleiskettenbetrieb 80 km. Der Kraftstoff kam mittels einer elektrischen IMCO-Autopuls-12-V-Pumpe zum Vergaser. Das Fahrgestell hatte Hochdruckschmierung. Bei Radbetrieb wurde eine Geschwindigkeit von 46 km/h, bei Gleiskettenbetrieb 23 km/h erreicht. Der Benz-Motor war mit einer 12 V-100 Watt-Bosch-Lichtmaschine, zusätzlich aber noch mit einer 225 Watt-Lichtmaschine sowie vier 12 V-Batterien von zusammen 240 Ah versehen.

Vorderansicht des GHH-M28-Räder-Raupen-Fahrzeuges im Räder-

... und im Gleiskettenbetrieb.

Der Besatzung stand im Drehturm eine vollautomatische 3,7 cm-Kanone zur Verfügung. Das Höhenrichtfeld erstreckte sich von −10° bis +30°. Für die Kanone wurden 200 Schuß Munition mitgeführt. Im Drehturm war ferner noch ein MG Dreyse (7,9 mm)

Das Bild zeigt die Rückansicht des Wechsellaufwerk-Fahrzeuges mit gepanzertem Aufbau.

untergebracht, dessen Höhenrichtbereich −15° bis +35° betrug. Ferner stand dem Hilfsfahrer ein MG mit je 20° Seitenrichtfeld und einem Höhenrichtfeld von −5° bis +77° (Fliegerabwehr) zur Verfügung. Für beide MG wurden 2000 Schuß Munition mitgeführt.

Die Prototypen liefen auch unter der Bezeichnung »GKF«. Das Prinzip wurde in Deutschland nicht weiterverfolgt.

Die weitere Entwicklung dieser Räder-Raupen-Fahrzeuge wurde 1929 zur Firma Landsverk in Schweden verlegt. Dipl.-Ing. Merker baute dort eine Entwicklungsabteilung für Panzerfahrzeuge auf, die neben dem Versuchstyp »Landsverk 5« (= schwedische Bezeichnung für das GHH-Fahrzeug GKF) ab 1931 die Kampfwagentypen Landsverk 30 und 80 vorstellte. Diese Fahrzeuge wurden auch international angeboten. Sie kamen in größerer Stückzahl zur Einführung.

Die Österreichischen Saurerwerke AG entwickelten ab 1930, in Zusammenarbeit mit dem Kriegstechnischen Amt, Geländefahrzeuge für das Bundesheer. Als leichter Artillerie-Zugwagen und als Fahrgestell für einen leichten Kampfwagen wurde ein Räder-Raupenfahrzeug, Typ »RR«, geschaffen, bei dem die Umstellung von Rädern auf Kettenantrieb bei langsamer Fahrt erfolgen konnte. Während die ersten Ausführungen mit Vollgummibereifung geliefert wurden, gab es ab Typ »RR 7« luftbereifte Räder. Die Fahrzeuge waren mit einem Saurer-4-Zylinder-Dieselmotor ausgerüstet. 15 Stück waren nach einer Wertungsprüfung im Januar 1937 bestellt worden. Nach der Übernahme erging bereits am 21. 5. 1938 ein Auftrag des Waffenamtes, ein SmK-sicheres, gepanzertes Aufklärungsfahrzeug für Rad- und Kettenfahrt, mit Mittelwellen- und Funksprechgerät zu schaffen. Entwicklungsfirma hierfür waren die Saurerwerke für Fahrgestell und Aufbau, während die Daimler-Benz AG in Berlin für den Drehturm verantwortlich zeichnete. Die voraussichtliche Auslieferung des ersten Fahrzeuges sollte am 31. 5. 1942 erfolgen. Das unter der Bezeichnung »Panzerspähwagen RK 9 (Ausf. A)« laufende Fahrzeug war für ein Gesamtgewicht von 6,5 t ausgelegt. Die vorgesehene Panzerdicke lag zwischen 5,5 bis 14,5 mm. Der Besatzung von 3 Mann standen eine 7,9 mm EW 141 und ein MG 34 im Drehturm zur Verfügung. Die Motorenleistung des Saurer-Dieselmotors betrug 100 PS. Bei Räderbetrieb wurde eine Höchstgeschwindigkeit von 80 km/h, bei Kettenbetrieb von 30 km/h erreicht. 15 Stück einer 0-Serie waren in Auftrag gegeben, lediglich 2 Fahrzeuge wurden gebaut. (Erstes Fahrzeug geliefert am 1. Juni 1940, zweites Fahrzeug am 2. August 1941.) In der Zwischenzeit war eine einmalige Serie von 140 »RR 7«-Fahrzeugen aufgelegt worden, die in gepanzerter Ausführung als »mittlere gepanzerte Beobachtungskraftwagen (Sd. Kfz. 254)« zur Truppe gelangten. Der SmK-sichere Aufbau war oben offen. Das Gesamtgewicht betrug 6,4 t, vier Mann Besatzung waren vorgesehen. Eine fest eingebaute Bewaffnung stand nicht zur Verfügung. Die ungepanzerte Ausführung lief als »Instandsetzungskraftwagen« mit einer Nutzlast von 1,5 t. Bei all diesen Fahrzeugen kam der Saurer-»CRDv«-Sechszylinder-Dieselmotor mit 70 PS Leistung zum Einbau. Die Serie lief im November 1940 aus.

Die tschechoslowakische Heeresausrüstung, welche 1939 in deutsche Hände fiel, enthielt nur eine verhältnismäßig geringe Anzahl gepanzerter Radfahrzeuge. Skoda in Pilsen hatte bereits 1922 den ersten Entwurf vorgelegt, bis 1923 waren 2 Prototypen des Fahrzeuges »PA I« gefertigt. Das Fahrzeug hatte Vierradantrieb, Vor- und Rückwärtslenkung und einen symmetrischen Panzerkasten. Die Zeichnungen für dieses Fahrzeug wurden überarbeitet, da der hohe Schwerpunkt

Der erste Prototyp hatte eine völlig glatte schrägliegende Fahrerfront. Im rückwärtigen Teil war ein luftgekühlter 65-PS-Steyr-Motor eingebaut.

Nachdem 1937 ein Prototyp gefertigt wurde, kamen 1938 weitere fünf Fahrzeuge zur Auslieferung. Diese hatten jedoch im Gegensatz zum ersten Prototyp eine abgestufte Fahrerfront erhalten.

Die österreichischen Saurer-Werke in Wien entwickelten ab 1930 das Räder-Raupenfahrzeug »RR«, welches als Artillerie-Zugwagen bzw. als Fahrgestell für einen leichten Kampfwagen dienen sollte.

WH
056 151

Bemerkenswert bei Straßenfahrt war die breite Spur des Fahrzeugs

Als Anschlußauftrag wurde der Panzerspähwagen RK 9 (Ausf. A) aufgelegt, von dem allerdings nur noch zwei Prototypen gebaut wurden.

Eine 0-Serie von 15 Stück war in Auftrag gegeben. Bild zeigt das Fahrzeug in Kettenfahrt beim Überwinden eines Hindernisses.

Die deutsche Wehrmacht schuf daraus ein SmK-sicheres, gepanzertes Aufklärungsfahrzeug für Rad- und Kettenfahrt, den Typ »RR 7«, von dem 140 Stück gebaut wurden. Seine Bezeichnung lautete »mittlerer gepanzerter Beobachtungskraftwagen« (Sd. Kfz. 254).

Das tschechische »PA II«-Fahrzeug erreichte bei seinem ersten Auftreten 1925 berechtigtes Aufsehen. Einige dieser Fahrzeuge wurden von der Wiener Polizei angekauft. Hersteller Skoda.

des Fahrzeuges bei Geländefahrten Schwierigkeiten bereitete.

Der Nachfolgetyp »PA III« lief unter der Bezeichnung »OA vz. 27« in der tschechischen Armee. Skoda stellte 26 dieser Fahrzeuge her. Einige davon wurden noch von der deutschen Wehrmacht übernommen.

Zwischen 1923 bis 1925 wurde an einer Weiterentwicklung dieser Fahrzeuge gearbeitet, die dann als Typ »PA II« zu ihrer Zeit berechtigtes Aufsehen erregten. Der Drehturm war entfallen, 4 schwere MG waren diagonal in vier Blenden eingebaut. Der äußerlich genau symmetrische Aufbau war in der Herstellung sehr teuer. Die Panzerstärke betrug 8 mm. Fünf Mann Besatzung waren vorgesehen. Mit diesen Fahrzeugen wurde im April 1925 die erste Panzereinheit des Landes aufgestellt. 24 Stück standen bis 1935 im Truppengebrauch, einige der Fahrzeuge wurden später an die Wiener Polizei verkauft. Versuchsumbauten rüsteten eines dieser Fahrzeuge auf eine 7,5-cm-Kanone um, das Gesamtgewicht stieg dadurch von 7 auf 11 t. Diese Entwicklung wurde nicht weiterverfolgt.

1926 folgte der erste Prototyp des Fahrzeuges »PA III«, welches nun wieder mit einem Drehturm ausgerüstet war. Darin waren 3 MG sowie rückwärts ein Scheinwerfer eingebaut. Ein viertes MG war im Bug zwischen Fahrer- und Beobachterluke untergebracht. Erste Versuche erfolgten 1927, Einführung bei der Truppe 1929. Die offizielle Bezeichnung lautete »OA vz. 27«. Skoda

stellte davon 26 Einheiten her. Der eingebaute 5,7-l-Vergasermotor leistete bei n = 1600 60 PS. Die Höchstgeschwindigkeit betrug 36 km/h. Eine Besatzung von vier Mann war vorhanden. 1933 erfolgten weitere Verbesserungen, wobei u. a. die Turmpanzerung verstärkt wurde und anstelle des Bug-MG eine 2-cm-Waffe eingebaut wurde. Auch wurde eine 3,7-cm-Bewaffnung in Erwägung gezogen. Einige dieser Fahrzeuge wurden 1939 von der Deutschen Wehrmacht übernommen.
Tatra verwendete für seine Panzerwagenversion das Sechsradfahrgestell der Type »26/30« mit Zentralrohrrahmen und luftgekühltem Motor. Als Vorläufer wurden zwischen 1929 und 1930 acht Prototypen des Fahrzeuges »T 26« eingehend erprobt und 1930 als Gefechtsfahrzeug für die Kavallerie bestimmt. 1933 erfolgte der Produktionsauftrag über 51 Fahrzeuge, wobei die ersten 1934 abgenommen wurden. Die Armeebezeichnung lautete »OA vz. 30«. Das Fahrgestell hatte 4 angetriebene Hinterräder.
Bei 11-mm-Rundumpanzerung und 4 Mann Besatzung betrug das Gesamtgewicht ca. 9 t. Zwei leichte MG waren eingebaut. Sieben dieser Fahrzeuge wurden durch die Wehrmacht in Rundfunkaufnahme-Kraftwagen umgebaut. Verlangt war eine fahrbare und im Gelände transportable Anlage zur Rundfunkaufnahme auf magnetischen Schallträgern.

Der Feldzug gegen Polen 1939 brachte keine nennenswerte Panzerbeute.
Anders war die Situation im Westfeldzug 1940. Holland hatte nur wenige Panzerfahrzeuge. Eine interessante Konstruktion wurde einheimisch von der »Van Doorne's Aanhangwagen Fabriek« (DAF) in Eindhoven gebaut. Davon wurden insgesamt 12 Stück hergestellt, von denen eine Anzahl der Deutschen Wehrmacht in die Hände fielen. Die deutsche Bezeichnung lautete »Panzerspähwagen DAF 201 (h)«. Das von 1938 bis 1939 gebaute Fahrzeug führte die Typnummer »M 39«. Ein Ford-Mercury-96-PS-V-8-Motor war eingebaut. Die Panzerung des sechsradgetriebenen Fahrzeuges betrug 5 bis 12 mm. Bei einem Gefechtsgewicht von 5,8 t und 5 Mann Besatzung wurden im Drehturm eine 3,7-cm-Kanone und ein MG sowie vorne und hinten noch je ein weiteres MG mitgeführt. Holland hatte 1936 innerhalb seiner Kavallerieverbände eine Panzerspäh-

Tatra verwendete sein Fahrgestell vom Typ »T 26«, um zwischen 1929/1930 einen Prototyp für ein Straßenpanzerfahrzeug zu schaffen.

Eine interessante Straßenpanzer-Entwicklung wurde von der holländischen Firma Von Doorne's Aanhangwagen Fabriek betrieben. 12 Stück dieser Fahrzeuge wurden zwischen 1938 bis 1939 gebaut. Die Mehrzahl dieser Fahrzeuge fiel in deutsche Hände. Die deutsche Bezeichnung lautete »Panzerspähwagen DAF 201 (h)«. ▶

N-44946

Die belgische Ford-Niederlassung in Antwerpen baute für die belgische Armee einige »91 Y«-Fahrgestelle in gepanzerte Zugmaschinen um. Eines dieser Fahrzeuge lief als Kommandeursfahrzeug bei der 8. Panzerdivision.

Die Produktionsausführung lief unter der Bezeichnung »OA vz. 30«. Die Fahrzeuge wurden größtenteils von den deutschen Streitkräften übernommen. 51 dieser Fahrzeuge wurden gebaut.

Der einzig wirklich brauchbare Panzerspähwagen aus der französischen Beute 1940 war der Panhard Typ »178«. Etwa 190 dieser Fahrzeuge wurden vorgefunden, davon wurden ca. 150 deutschen Einheiten zugeführt.

Sie wurden vorwiegend an Polizei-Einheiten ausgegeben und dort hauptsächlich zur Bandenbekämpfung eingesetzt. Bild zeigt ein solches Fahrzeug beim Einsatz im Osten.

Rund 40 dieser Fahrzeuge wurden in Behelfs-Panzerdraisinen umgebaut und zur Zugsicherung im Osten verwendet. Vorher wurde die typische, deutsche Rahmenantenne aufgebaut.

wageneinheit aufgestellt und diese mit schwedischen Landsverk-»L 181«-Fahrzeugen ausgerüstet. Zwölf Einheiten wurden bezogen, sie erhielten die holländische Bezeichnung »M 36«. Bei diesem Fahrzeug handelte es sich um ein Daimler-Benz-Fahrgestell, welches mit einem 6-Zylinder-Vergasermotor mit 65 PS Leistung ausgerüstet war. Die vier hinteren Räder waren angetrieben. Schußsichere Vollgummibereifung wurde verwendet. Als Bewaffnung waren eine 2-cm-Bordkanone im Drehturm vorhanden und zwei MG. Eine 5-Mann-Besatzung war vorgesehen. 1938 wurde die zweite Panzerspähwageneinheit aufgestellt. Sie erhielt 14 Fahrzeuge des Typs »L 180« der Firma Landsverk. Davon waren zwei Fahrzeuge als Befehlswagen ausgelegt. Die holländische Bezeichnung lautete »M 38«. Bei fast gleichem Fahrgestell kam nunmehr ein Büssing-NAG-»V-8«-Vergasermotor mit 150 PS Leistung zum Einbau. Als Hauptbewaffnung war eine halbautomatische 3,7-cm-Panzerabwehrkanone von Bofors vorgesehen. Ein Teil dieser Fahrzeuge wurde nach 1940 hauptsächlich von deutschen Polizeieinheiten übernommen. Die deutsche Bezeichnung lautete »Panzerspähwagen L 202 (h)«.

Die belgische Ford-Niederlassung in Antwerpen baute für die belgische Armee einige »91 Y«-Fahrgestelle in gepanzerte Zugmaschinen um. Dabei wurde wie üblich der Marmon-Herrington-Vierradantrieb verwendet. Von den wenigen erbeuteten Exemplaren wurde eines als Kommandeursfahrzeug bei der 8. Panzerdivision verwendet.

Die französische Beute war umfangreich und umfaßte u. a. den »Panzerspähwagen Wh 201 (f)« der Firma White-Laffly. Laffly baute ebenfalls den »Panzerspähwagen Laf 202 (f)«. Panhard war u. a. mit dem »Panzerspähwagen TOE 203 (f)« vertreten. Die meisten dieser Fahrzeuge wurden entweder abgewrackt oder befreundeten Nationen überlassen. Eine gewisse Bedeutung durch Verwendung bei deutschen Heeres- und Polizeieinheiten erlangte lediglich der Panhardtyp »38«, der offiziell als »Panzerspähwagen P 204 (f)« erfaßt wurde. Etwa 190 dieser Fahrzeuge wurden vorgefunden, davon wurden rund 150 deutschen Einheiten zugeführt. Dieser Typ »178« hatte einen 4-Zylinder-Panhard-»SS«-Zweitaktmotor mit 105 PS Leistung eingebaut. Das 8,2 t schwere Panzerfahrzeug hatte eine Höchstgeschwindigkeit von 80 km/h. Bei vier Mann Besatzung hatte das Panzerfahrzeug eine Bewaffnung von einer 25-mm-KwK und einem MG im Drehturm. Die Panzerung betrug 7 bis 20 mm.

Rund 40 dieser Fahrzeuge wurden in Behelfs-Panzerdraisinen umgebaut und dienten als Sicherungsfahrzeuge für Eisenbahnpanzerzüge und zur Durchführung von Eisenbahnerkundungen. Dabei war die gleichzeitige Verwendungsmöglichkeit als Straßenbzw. Geländefahrzeug gegeben. Das Mitnehmen der Straßenräder während der Schienenfahrt war jedoch nicht möglich. Ein Auftrag des Heereswaffenamtes vom November 1941 an die Gothaer Waggonfabrik und die Bergische Stahlindustrie in Remscheid schuf die Schienenausrüstung für diese Fahrzeuge.

Die Beute von Dünkirchen überließ der Wehrmacht

Die Dünkirchen-Beute von 1940 hinterließ vor allem eine größere Anzahl der gepanzerten Verbindungsfahrzeuge der Firmen Daimler und Alvis vom Typ »Dingo«. Auch sie wurden von deutschen Einheiten verwendet.

ebenfalls eine Anzahl gepanzerter Radfahrzeuge englischen Ursprungs. Hier waren es vor allem die gepanzerten Verbindungsfahrzeuge »Dingo« der Firmen Daimler und Alvis, die auch von deutschen Einheiten verwendet wurden. Ihre deutsche Bezeichnung lautete »leichter Panzerspähwagen Mk I 202 (e)«. Auch das veraltete Modell der Firma Morris, der »Panzerspähwagen Mo 205 (e)«, wurde gefunden. In Afrika kamen dann noch die südafrikanischen Marmon-Herrington-Spähpanzer »Panzerspähwagen F 208 (e) und G 209 (e)« der Firma Guy dazu. Auch wurden Einzelexemplare des gepanzerten Befehlsfahrzeuges »Mata-

In Nordafrika fielen vereinzelt gepanzerte Befehlsfahrzeuge des Typs «Matador» der Firma AEC in deutsche Hände. Eines dieser Fahrzeuge wurde u. a. auch von Feldmarschall Rommel verwendet.

dor« der Firma AEC erbeutet, welche unter anderen auch von Marschall Rommel verwendet wurden.
Fahrzeuge russischer Herkunft fielen vor allem zu Beginn des Feldzuges in größeren Mengen der Deutschen Wehrmacht in die Hände. Hierbei handelte es sich vor allem um den »Panzerspähwagen BAF 203 (r)«, ein 5 t schweres Fahrzeug, welches auf einem handelsüblichen Ford-6-Rad-Fahrgestell montiert war. Bei 4 Mann Besatzung hatte das Fahrzeug eine 4,5-cm-KwK und ein MG im Drehturm eingebaut. Ein weiteres MG war vorhanden. Von diesem Fahrzeug gab es auch eine amphibische Ausführung (Typ BAZ). Eine leichte Ausführung erschien 1942 als Typ »BA 64«. Mit 4-Rad-Antrieb ausgerüstet, hatte dieses Fahrzeug bei 2 Mann Besatzung ein Gesamtgewicht von 2,4 t.
Von den auf deutscher Seite kämpfenden Ungarn kam ein Panzerspähwagentyp zum Einsatz, der auf einem Entwurf von Nicolaus Straussler basierte. Der erste Prototyp war 1933 in Ungarn gefertigt worden. Alvis in England übernahm die Fertigungsrechte und bezog die Fahrgestellteile direkt aus Ungarn. Insgesamt wurden auf diese Weise 53 Fahrzeuge gefertigt. Der zweite Prototyp, gebaut 1935, wurde eingehend von der Royal Air Force im Irak erprobt. Diese Ausführung hatte einen 100-PS-Motor im Heck eingebaut. Lenkeinrichtungen für Vorwärts- und Rückwärtsfahrer waren vorge-

In größerer Anzahl wurden 1941 Sechsrad-Panzerspähwagen der russischen Armee erbeutet. Dabei handelte es sich um den Fordtyp »BA«, der bei der deutschen Wehrmacht als »Panzerspähwagen BAF 203 (r)« lief. Bei vier Mann Besatzung führte das Fahrzeug eine 4,5-cm-Kanone und ein MG im Drehturm.

Ein Teil dieser Fahrzeuge wurde nach Abnahme der Drehtürme zur Bandenbekämpfung eingesetzt. Dieses Fahrzeug fiel später wieder in russische Hände.

Die auf deutscher Seite kämpfenden Ungarn setzten den in Budapest gebauten Spähwagen »Csaba 39 M« ein, von dem bis 1944 insgesamt 171 Einheiten gefertigt wurden.

sehen. Querliegende Blattfedern und Allradantrieb vervollständigten das Fahrgestell. 1938 wurden versuchsweise zwei Ford V-8-Motoren mit je 88,5 PS in diesem Fahrgestell untergebracht. 12 Stück der 1939 von der Alvis LTD. montierten Ausführung Alvis-Straussler AC III A wurden an die Royal Air Force geliefert. Sie waren nunmehr mit einem 6-Zylinder-Alvis-120-PS-Motor ausgerüstet. Drei dieser Fahrzeuge wurden nach Portugal exportiert. Weitere 36, in ihrem Aufbau leicht veränderte Typ AC III D-Fahrzeuge, wurden bis 1940 an die Niederländisch-Ostindische Armee geliefert. Sie hatten ein zusätzliches MG in der Fahrer-

Die fast 6 t schweren Fahrzeuge hatten Vierradantrieb und -Lenkung. Hersteller war die Firma Manfred Weiß.

Zahlreiche italienische Radpanzer der Baureihe »AB 40 bis 43« fanden Eingang bei deutschen Verbänden. Die Fahrzeuge wurden bei der Firma SPA in Turin gefertigt. Sie wurden nach dem Kriege noch von italienischen Einheiten weiterverwendet.

front eingebaut. Gemäß Patentansprüchen, die Nicolaus Straussler nach Kriegsende geltend machte, waren Ersatzteile für weitere 34 Einheiten gefertigt worden.

In Ungarn hatte die Firma Manfred Weiss ab 1939 eine Kleinserie dieser Fahrzeuge aufgelegt, wovon bis 1944 insgesamt 171 Einheiten an die ungarische Armee geliefert wurden. Die Fahrzeuge liefen unter der Bezeichnung »Csaba 39 M« und waren mit einem Ford 8-Zylinder-V-Vergasermotor mit 87 PS Leistung ausgerüstet. Sie hatten Vierradantrieb und Lenkung. Das Gesamtgewicht mit vier Mann Besatzung betrug 5,9 t.

Zahlreiche italienische Radpanzerfahrzeuge wurden vor allem nach 1943 deutschen Einheiten zugeteilt. Darunter befanden sich hauptsächlich die Spähwagentypen »AB 40«, »AB 41« und »AB 43«. Diese von der Firma SPA in Turin betriebene Entwicklung schuf zuerst den mit zwei 8-mm-MG im Drehturm ausgestatteten Typ »AB 40«. Ein drittes MG konnte nach rückwärts feuern. Zum Einbau kam ein 6-Zylinder-SPA-Vergasermotor mit 4994 ccm Hubraum und einer Leistung von 80 PS. Alle diese Fahrzeuge hatten vier Mann Besatzung. Die ab 1941 erscheinende Ausführung »AB 41« hatte nunmehr eine 20-mm-Kanone nebst einem 8-mm-MG im Drehturm eingebaut. Das rückwärtige MG war noch immer vorhanden. Das Gesamtgewicht war von 6,48 auf 7,47 t angestiegen. Die Motorleistung wurde auf 88 PS erhöht. Von diesem Fahrzeug gab es auch eine Abart als Selbstfahrlafette mit einer 47/32-mm-Kanone. Dazu wurde auch ein Munitionsfahrzeug ohne Bewaffnung geschaffen. Beide Fahrzeuge hatten einen oben offenen Kampfraum.

Die letzte Ausführung dieser SPA-Ansaldo-Fahrzeuge war der Typ »AB 43«. Er hatte nunmehr die 47/40-mm-Kanone im geschlossenen Drehturm eingebaut. Die Motorleistung wurde weiterhin auf 110 PS erhöht.

Aufbauend auf dem Fahrgestell des »AB 41/43« erschien auch das Wüstenaufklärungsfahrzeug »Camionetta 43 Sahariana«. Das Fahrzeug hatte einen niedrigen, oben offenen Panzerkasten und wog ca. 4 t. Es war entweder ein 13,2-mm- oder 20-mm-MG eingebaut. Ferner stand der Besatzung von 2 bis 3 Mann noch ein 8-mm-MG zur Verfügung. Diese zur strategischen Wüstenaufklärung verwendeten Fahrzeuge hatten einen großen Trinkwasservorrat in 20-l-Kanistern an beiden Aufbauseiten und auf den vorderen Kotflügeln untergebracht. Typisch war auch die Unterbringung des großen Ersatzrades im Bug des Fahrzeuges.

Einige der italienischen Straßenpanzer standen bis zum Kriegsende bei deutschen Einheiten. Sie wurden in Italien auch noch nach dem Kriege weiterverwendet.

Kampfwagen-Nachbildungen

Obwohl die nun aufgeführten Fahrzeuge weder Kampfwagen noch Panzerspähwagen waren, ist es der Vollständigkeit halber notwendig, sie zu erwähnen. Das Fehlen von Panzerfahrzeugen bei der Ausbildung während der zwanziger Jahre führte zur Einführung von Attrappen. Bereits im Jahre 1925 wurden Kampfwagen-Nachbildungen verwendet, die lediglich aus tankähnlichen Stahlrohren bestanden, die mit einer Buntfarbenleinwand überspannt waren. Diese auf drei gummibereiften Rädern laufenden Attrappen wurden von zwei Mann geschoben.

Der Versailler Vertrag verbot grundsätzlich alle gepanzerten Fahrzeuge für den Truppengebrauch des deutschen Heeres. Um der Truppe jedoch Erfahrungen bei der Bekämpfung von Panzerfahrzeugen zu geben, wurden als Ausbildungsbehelf Panzerattrappen geschaffen, welche mit Fahrradrädern versehen, von Mannschaften im Gelände bewegt wurden.

Die erste selbstfahrende Panzerspähwagen-Nachbildung erschien 1926. Sie war auf einem Büssing-Lastwagen-Fahrgestell montiert. Der Entwurf stammte von der 2./Kf 6 in Hannover.

Einsatz von Panzerattrappen bei einem Manöver der Reichswehr. (Foto: Bundesarchiv-Bild 102-13870, © CC-BY-SA-3.0).

Die erste Panzerspähwagen-Nachbildung auf Lkw-Fahrgestell erschien 1926, nach einem Bauentwurf der Kf. 6 Hannover. Die für diese Attrappen verwendeten Büssing-Lastwagenfahrgestelle waren jedoch zu straßengebunden, so daß man bei der Weiterentwicklung auf leichtere Personenwagenfahrgestelle zurückgriff. Man ging jedoch weiter und gebrauchte neben diesen Personenwagenchassis auch noch behelfsmäßige Halbketten- und sogar Vollkettenfahrgestelle.

1930 standen die Versuche von Kampfwagen-Nachbildungen auf handelsüblichen Kleinkraftwagen unmittelbar vor dem Abschluß. In der Hauptsache wurde dafür das BMW-Dixi-Fahrgestell, der Typ »3/15« der Bayrischen Motoren Werke AG verwendet. Diese Aufbauten gab es in geschlossener und halb offener Bauweise.

Ähnliche Attrappen wurden auch auf die Hanomag-Fahrgestelle der Typen »2/10 und 3/16 PS« aufgesetzt. Sie konnten leicht zerlegt werden.

Zur gleichen Zeit wurden Kampfwagen-Nachbildungen auch auf handelsübliche, militärisch verbesserte, mit Hilfskettenantrieb für Geländefahrt versehene Radschlepper sowie ähnlich überarbeitete Raupenschlepper gesetzt. Bild zeigt einen dieser Maffei-Schlepper mit Hilfskettenantrieb ohne Attrappenaufbau.

Eine Panzer-Attrappen-Abteilung der Reichswehr in Paradeaufstellung (Adler Standard 6).

Am 1. 1. 1930 ergab sich bei den Kampfwagennachbildungen folgender Stand der Versuche:

a) Auf handelsüblichem Kleinkraftwagen (Hanomag, BMW-Dixi): Vor dem Abschluß
b) Auf handelsüblichen, militärisch verbesserten, mit Hilfskettenantrieb für Geländefahrt versehenen Radschleppern (Maffei MSZ 201): Vor dem Abschluß
c) Auf handelsüblichem, militärisch verbessertem Raupenschlepper (Linke-Hoffmann-Busch): Vor dem Abschluß

Die um 1929 entstandenen Panzerattrappen auf dem BMW-Dixi »3/15«-Fahrgestell sowie der Hanomag »3/16« hatten leicht abnehmbare, zerlegbare Blechaufbauten. Ein Imitationsdrehturm war aufgesetzt. Eine etwas größere Attrappe erschien 1930, diesmal auf dem

Eine Panzerkraftwagen-Nachbildung mit Drehturm erschien 1930 auf dem Adler-»Standard 6«-Fahrgestell. Das Fahrzeug hatte vier Mann Besatzung.

Die Adlerfahrzeuge wurden 1935 durch eine Panzerkampfwagen-Nachbildung mit dem Fahrgestell des leichten Personenkraftwagens (o) abgelöst. Diese Fahrzeuge verwendeten ein Opel-Kastenwagen-Fahrgestell des Typs »1396«.

Sie wurden bei allen Übungen mit Erfolg eingesetzt und dienten selbst noch im Kriege zu Ausbildungszwecken. Bei zwei Mann Besatzung stand im Drehturm ein MG 34 zur Verfügung.

Nach Auslaufen des Opel-Fahrgestelles im Rahmen des »Schell-Programmes« wurde das Volkswagenfahrgestell »82« für diesen Zweck herangezogen. Auch hier ergab sich ein Fahrzeug mit leichtem Blechaufbau und Imitationsdrehturm. Die Typenbezeichnung lautete »823«. Die Kettenandeutungen konnten leicht abgenommen werden.

Ausschließlich für Exportzwecke lieferte die Firma Krupp dieses Panzerfahrzeug auf dem Fahrgestell des Typs »L 2 H 143«. Das Fahrzeug war für Niederländisch-Ostindien bestimmt.

Adler-»Standard 6«-Fahrgestell. Im Gegensatz zu den leichten Fahrzeugen mit 2 Mann Besatzung hatte diese Ausführung vier. Selbst nach Herstellung der Wehrhoheit wurde auf diesen billigen und zweckmäßigen Ausbildungsbehelf nicht verzichtet. Ab 1935 entstand eine Panzerkampfwagen-Nachbildung auf dem Fahrgestell des leichten Personenkraftwagens (o). Hierfür fand fast ausschließlich das Fahrgestell der Firma Opel, Typ »1396«, Verwendung, welches mit einem 4-Zylinder-Vergasermotor mit 28,5 PS Leistung ausgestattet war. Bei zwei Mann Besatzung stand ein MG 34 im Drehturm zur Verfügung. Nach Auslaufen dieses Fahrgestelles wurde der Volkswagentyp »82« für diese Verwendung vorbereitet und tatsächlich auch gebaut.

Gepanzerte Radfahrzeuge für Exportzwecke

Kurz vor dem Kriege wurde eine geringe Zahl der leichten Panzerspähwagen (Sd. Kfz. 221) nach China geliefert. Trotz der angespannten Wirtschaftslage beim Wiederaufbau der Deutschen Wehrmacht, konnte auf die devisenbringenden Einnahmen durch Exportverkäufe nicht verzichtet werden. So wurden u. a. Erzeugnisse der deutschen Kraftfahrzeugindustrie in größerem Rahmen exportiert. Darunter waren auch Spezial-Panzerfahrzeuge, wie zum Beispiel ein auf dem Krupp »L 2 H 143« aufgebauter Straßenpanzer für Niederländisch-Ostindien.

Die Einheits-Personen- und Lastkraftwagen der Deutschen Wehrmacht

In unmittelbarem Zusammenhang mit der Entwicklung von Panzerspähwagen stand die Schaffung von heereseigenen Personen- und Lastkraftwagen. Die Vorarbeiten dafür begannen 1934, die ersten Fahrzeuge wurden anläßlich der Automobilausstellung 1936 in Berlin der Öffentlichkeit vorgestellt. Bei der Aufgabenstellung war auf größtmögliche Geländegängigkeit Wert gelegt worden, wobei beim Bau dieser Fahrzeuge die neuesten Erfahrungen im Kraftfahrzeugbau berücksichtigt werden sollten, damit sie auf Jahre hinaus in der gleichen Ausführung beschafft werden konnten. Durch Normung und Typisierung wurde eine Vereinfachung in der Fertigung angestrebt, verbunden mit einer schnellen Auswechselbarkeit der wichtigsten Aggregate. Diese »Einheits«-Fahrgestelle wurden nach einheitlichen, vom Heereswaffenamt erstellten Unterlagen von verschiedenen Herstellern gebaut, um damit auch im Ersatzteilnachschub weitgehendst unabhängig zu sein.

Um allen Bedürfnissen der Truppe gerecht zu werden, wurden folgende Baureihen festgelegt:

leichter geländegängiger Wehrmachts-Personenkraftwagen
mittelschwerer geländegängiger Wehrmachts-Personenkraftwagen
schwerer geländegängiger Wehrmachts-Personenkraftwagen
leichter geländegängiger Wehrmachts-Lastkraftwagen
mittelschwerer geländegängiger Wehrmachts-Lastkraftwagen

* Dieser Ausarbeitung liegt ein Artikel von Dipl.-Ing. M. Kracht zugrunde, der in der Zeitschrift des Vereins Deutscher Ingenieure Nr. 7 vom 15. 2. 1936 erschien.

All diesen Bauarten war gemeinsam:
der Antrieb sämtlicher Räder, also Allradantrieb
Einfachbereifung aller Räder
Einzelradaufhängung an Schwingarmen, dadurch Einzelfederung aller Räder
Lagerung der Schwingarme in Gummi
Ausgleichsgetriebe zwischen Vorder- und Hinterachsen, geteilte Spurstangen

Der Allradantrieb vermittelte diesen Fahrzeugen eine überdurchschnittliche Geländegängigkeit, wobei die Grenze lediglich in der gegebenen Motorleistung und in der Scherfestigkeit der jeweiligen Bodenart lag.

Alle Räder waren grundsätzlich einfachbereift. Bei den Lastkraftwagen ergab sich dadurch die Verwendung mehrerer Achsen. Zahlreiche Versuche hatten erwiesen, daß der Rollwiderstand der doppelbereiften Räder gegenüber der Einzelbereifung viel größer war, so daß es vorteilhafter erschien, mehrere Achsen zu verwenden. Der Gewinn an Vortriebsleistung bei einfachbereiften Fahrzeugen gleicher Bauart und Motorleistung lag je nach Bodenart rund 30 bis 50 Prozent höher.

Um das Fahrzeugverhalten auf der Straße und im Gelände vorteilhaft zu gestalten, ging man zur Einzelfederung sämtlicher Räder über. Nach eingehenden Vergleichen verschiedener Ausführungsarten der Schwingachsen wurden Trapezlenker in Verbindung mit Schraubenfedern für alle Einheitsfahrgestelle gewählt. Andere Schwingachsen wiesen erheblich höhere Kraftverluste in weichem Boden auf, die vor allem durch das Einpendeln der Achsen verursacht wurden. Die Trapezschwingarme verursachten zwar eine pendelnde Kippbewegung der Räder quer zur Fahrtrichtung, ermöglichten dadurch aber bei Geradeausfahrt eine fast vollständig gerade Bewegungslinie

des Rades auf der Fahrbahn. Durch die Gummilagerung der Schwingarme wurden die auftretenden Kreiselkräfte in den Rädern fast vollständig ausgeschaltet. Ferner wurde durch diese Gummilagerung die Einsparung vieler Schmierstellen erreicht. Insgesamt konnte dadurch die Zahl der Schmierstellen um 32 bis 64 vom Zweiachser bis zum Vierachser verringert werden.
Um die Kraftübertragung den jeweiligen Geländebedingungen anzupassen, wurden außer den üblichen Ausgleichsgetrieben in den Triebachsen weitere Ausgleichsgetriebe zwischen Vorder- und Hinterachse vorgesehen. Sie waren bei einer Bauart im Wechselgetriebe eingebaut, allgemein aber in einem besonderen Zwischengetriebe untergebracht, das an sich für den Vorderradantrieb erforderlich war.
Bei der Konstruktion wurde fernerhin größter Wert darauf gelegt, daß sämtliche Teile ohne Beeinträchtigung der Zuverlässigkeit aus einheimischen Rohstoffen herzustellen waren. Chromnickelstähle wurden durch Chrommolybdänstähle ersetzt, Kupferrohre durch Stahlrohre, Asbestbeläge für Bremsen und Kupplung durch asbestlose, Gelenke mit Bronzebüchsen weitgehend durch Trockengelenke.
Für die Bereifung wurden neue Ausführungen entwikkelt, die hinsichtlich ihrer Profilausbildung und Tragfähigkeit weitgehend dem Geländebetrieb angepaßt waren. Dasselbe galt für die Schnee- und Greiferketten, welche den Fahrzeugen auch im schwersten Gelände die notwendige Bodenhaftung vermittelten.

Der leichte geländegängige Wehrmachts-Personenkraftwagen war als Einheitswagen in all seinen Bauteilen bei allen Lieferfirmen gleich. Lediglich die Antriebsaggregate wurden der serienmäßigen Fertigung der jeweiligen Hersteller entnommen. Anschlüsse und Abmessungen erlaubten jedoch den Austausch einzelner Triebwerke untereinander. Das Getriebe ZF »RW I« war bei allen Ausführungen gleich und konnte in seinen Hauptteilen auch für andere Fahrzeuge Verwendung finden. Es hatte folgende Übersetzungen:

1. Gang 1:8,83	4. Gang 1:1,62
2. Gang 1:4,45	5. Gang 1:1
3. Gang 1:2,84	Rückwärtsgang 1:7,42

Das senkrecht liegende Verteilergetriebe für Vorder- und Hinterradantrieb war am Schaltgetriebe angeflanscht, hatte eine Übersetzung von 1:1,358 und enthielt gleichzeitig das dritte selbstsperrende Ausgleichsgetriebe. Die Triebachsen hatten Kegelantrieb und waren fest im schmalen Rahmen eingebaut. Die Schwingarme waren in Gummiblocks am Rahmen angelenkt. Wahlweise Allradlenkung war vorgesehen, wobei die Allradlenkung während der Fahrt geschaltet werden konnte. Dazu war die Verriegelung der Hinterräder mit einer Vorwähl-Schalteinrichtung versehen; brachte man während der Fahrt den Lenkschalthebel in die Stellung für Allradlenkung, wurde die federbelastete Lenksperre selbständig ausgeschaltet, sobald die Räder durch die Geradeausstellung gingen. Bei der Benützung der Vierradlenkung waren Geschwindigkeiten über 20 km/h grundsätzlich verboten, da bei rascher Fahrt das Fahrzeug schon bei kleinstem Lenkausschlag nach der Seite ausbrach. Ab 1940 entfiel sie ganz.
Die Rahmentragfähigkeit betrug 800 kp. Die Reifen der Größe 5,50–18 (später 6,00–18) ermöglichten eine Gesamttragfähigkeit von 2,2 t. Das Fahrgestell wog ca. 1200 kp, das vollständig belastete Fahrzeug ca. 2000 kp. Die Bodenfreiheit betrug 235 mm, Böschungswinkel vorne und hinten 60 bzw. 45°. Der Kraftstoffvorrat reichte für ca. 400 km. Bei Allradlenkung betrug der kleinste Wendekreisdurchmesser 6 m. Watfähigkeit bis zu 800 mm. Der Radstand war mit 2400 mm festgelegt, die Spurweite bei der normalen Ausführung mit 1400 mm. Bei einer Sonderausführung, hauptsächlich für Gebirgstruppen bestimmt, erfolgte eine Verringerung der Spurweite auf 1250 mm. Dieses Schmalspur-Fahrzeug verwendete mit Ausnahme kürzerer Querträger und kürzerer Seitenantriebswellen der Räder alle anderen Bauteile des Normalspur-Fahrzeuges.
Die Bayerischen Motorenwerke AG mit Zweigwerk in Eisenach bauten von 1937 bis 1940 ihre Ausführung des leichten Einheits-Personenkraftwagens unter der Bezeichnung »E I Pkw/325«. Davon wurden 3225 Einheiten hergestellt. Eingebaut wurde der BMW-»325«-Sechszylinder-Motor mit 45 PS Leistung bei einem Hubraum von 1957 ccm. Ab Fahrzeug Nr. 21 051 wurde die Zweivergaseranlage Solex 26 BFLV durch einen Solexvergaser 30 BFLV ersetzt. Die Aufbauten für

Der leichte geländegängige Wehrmachts-Personenkraftwagen, auch als leichter Einheits-Pkw bezeichnet, wurde von den Firmen Stoewer, Hanomag und BMW in fast 15 000 Exemplaren hergestellt.

diese Fahrzeuge sowie für die Mehrzahl der Einheits-Personenkraftwagen kamen von der Ambi-Budd-Fabrik in Berlin.

Die Hannoveranische Maschinenbau AG stellte das Fahrzeug ebenfalls von 1937 bis 1940 her, verwendete aber das aufgebohrte »20 B«-Triebwerk. Es handelte sich um einen Vierzylinder mit einer Leistung von 48/50 PS bei einem Hubraum von 1991 cm. Die Typenbezeichnung lautete »E I Pkw/20 B«.

Die Gesamtproduktion bei Hanomag betrug ca. 2000 Einheiten.

Als Hauptlieferant für die leichten Einheitsfahrgestelle trat die Stöwer-Werke AG in Stettin auf. Von 1936 bis 1938 wurde das Fahrzeug »R 180-Spezial« gefertigt, welches den Vierzylinder-»R 180 W«-Motor mit 42/43 PS verwendete. Der Hubraum betrug 1757 ccm. Von 1938 bis 1940 wurde in größeren Stückzahlen der Typ »R 200-Spezial« gebaut, der mit dem größeren Vierzylindermotor »AW 2« ausgestattet war. Bei einem Hubraum von 1997 ccm ergab sich eine Leistung von 48/50 PS. Von dieser Ausführung gab es die Modelle 1, 2, 3 und 4. Fahrzeuge mit Funkausrüstung erhielten anstelle der üblichen 50-Ah-Batterie eine solche mit 90 Ah.

Ab 1940 erschien unter Wegfall der Allradlenkung der Typ »40«, dessen Fahrgestellgewicht von 1380 auf 1280 kp verringert worden war, wiederum kam der 2-l-»AW 2«-Motor zum Einbau. Von diesem Typ stellte Stöwer noch im Jahre 1942 1969 Stück her, wobei Stöwer auch die Aufbauten lieferte. Insgesamt hatte Stöwer ca. 7698 Stück der leichten Einheits-Pkw hergestellt.

Das »Einheitsfahrgestell I für leichten Personenkraftwagen« lief in den Planstellen der handelsüblichen Typen, und zwar als:

Leichter geländegängiger Personenkraftwagen (Kfz. 1).

Leichter Instandsetzungstrupp-Kraftwagen (Kfz. 2/40).

Leichter Meßtrupp-Kraftwagen (Kfz. 3) und außerdem noch als
Truppen-Luftschutz-Kraftwagen (Kfz. 4).

Als solcher hatte er bei drei Mann Besatzung zwei MG in Drehsockel aufgebaut. Das Gefechtsgewicht betrug 2,2 t.

Interessant ist in diesem Zusammenhang ein Erfahrungsbericht, welcher auf Grund persönlicher Aussprachen zwischen Major Kleinschmitt einerseits und Truppeningenieuren, technischen Beamten, Werkmeistern und Schirrmeistern andererseits während einer Dienstreise in der Zeit vom 8. bis 30. 5. 1942 an dem mittleren und Südabschnitt der Ostfront gesammelt wurde. Darin wird über den leichten Einheits-Personenkraftwagen folgendes berichtet:

Häufige Rahmenbrüche an den vorderen Schwingarmen
Häufige Achsschenkelbrüche
Sehr häufige Federbrüche
Dauernde Brüche der Gelenkwellen
Häufiges Ausbrechen der Radnaben
Häufiges Ausreißen der Bremstrommelbefestigungen
Achsschenkelbolzen schlagen nach kurzer Zeit aus
Die Stoßdämpferschrauben brechen laufend ab
Sehr starker Verschleiß an Kardanwellen und Tellerrädern in den Differentialen, deren Zähne ausbrechen und die Ausgleichsgetriebe zerstören
Die mechanischen Bremsen sind restlos unzureichend
Die Lenkung schlägt nach kurzer Zeit im Lenkgehäuse aus. Vierradlenkung wird wegen wesentlicher Verschlechterung der Fahreigenschaft und der damit gleichzeitig auftretenden Gefährdung des Fahrzeuges überall abgelehnt
Die Straßenlage des Fahrzeuges ist katastrophal schlecht, da das Fahrzeug schon bei geringsten Bodenunebenheiten anfängt zu springen und in Eigenschwingungen zu geraten
Der alte Stöwermotor weist einen sehr starken Verschleiß an Pleuellagern, Kolben und Ventilen auf
Die Kupplung beginnt bei vielen Fahrzeugen schon nach kurzer Laufzeit zu rutschen
Der Fahrersitz ist höchst unbequem und bedingt eine verhältnismäßig viel zu frühe Ermüdung.

Im Gesamturteil ergab sich, daß das Fahrzeug im Prinzip sehr geländegängig und wendig war. Die Ausführung des leichten Einheits-Personenkraftwagens war jedoch viel zu kompliziert, konnte daher im Kriege nicht genügend gepflegt werden. Selbst kleinere Reparaturen benötigten wegen der Schwierigkeit und Umständlichkeit des Ausbaus einzelner Teile zu viel Zeit. Dazu kamen die oben angeführten Mängel. Die in der Entwicklungszeit des Fahrzeuges laufend vorgenommenen Änderungen hatten zu einer großen Anzahl verschiedener Ausführungen der Einzelteile geführt, dadurch wurde die Ersatzteilversorgung ganz besonders schwierig. Etwa 90 Prozent der Truppenteile lehnten das Fahrzeug als nicht kriegsbrauchbar ab.

Der mittelschwere geländegängige Wehrmachts-Personenkraftwagen unterschied sich grundsätzlich vom leichten dadurch, daß die Hinterräder nicht lenkbar waren. Alle vier Räder waren jedoch angetrieben. Ferner war bei dieser Fahrgestell-Bauart ein handelsübliches Getriebe verwendet worden. Die Durchführung der Antriebswelle zur Vorderachse wurde dadurch ermöglicht, daß hinter dem Hauptgetriebe ein Zwischengetriebe angeordnet wurde. Da das Hauptgetriebe vier Gangstufen, das Zwischengetriebe zwei enthielt standen insgesamt acht Getriebestufen zur Verfügung, was eine besonders günstige Anpassung an alle Geländeverhältnisse ermöglichte. Es ergaben sich im einzelnen folgende Übersetzungen:

Hauptgetriebe	Zwischengetriebe
1. Gang 1:4,52 2. Gang 1:2,62	Straße 1:1,1
3. Gang 1:1,49 4. Gang 1:1	Gelände 1:1,692
Rückwärtsgang 1:5,35	Triebachse 1:4,78

Die Rahmentragfähigkeit betrug 1500 kp, das Gesamtgewicht des Fahrzeuges bei einem Fahrgestellgewicht von 1500 kp ca. 3 t. Reifen der Größe 6,00-20 waren vorgesehen. Diese wurden in der Serie durch 190-18-Bereifung abgelöst. Die Bodenfreiheit betrug 240 mm, Böschungswinkel vorne und hinten 60 bzw. 40°. Kraftstoffvorrat für 400 km. Bei einem Radstand von 3000 mm und einer Spurweite von 1500 mm ergab sich ein Wendekreis-Durchmesser von 14 m.

Das mittlere Fahrgestell, offiziell als »Einheitsfahrgestell für mittleren Personenkraftwagen« bezeichnet,

Den mittelschweren geländegängigen Wehrmachts-Personenkraftwagen, auch mittlerer Einheits-Pkw genannt, fertigten die Firmen Auto-Union und Opel. Etwa 12 000 dieser Fahrzeuge wurden gebaut.

wurde in seinen verschiedenen Ausführungen ab 1937 gebaut. Die Fahrgestelle wurden von den Firmen Auto-Union AG., Werk Horch (ab Fahrgestell-Nr. 20001), Werk Wanderer (ab Fahrgestell-Nr. 10001) mit dem Horch 3,5-l-Achtzylinder-V-Motor gefertigt, während die Adam Opel AG in die von ihnen hergestellten Fahrgestelle (ab Fahrgestell-Nr. 30001) den Opel 3,6-l-Sechszylinder-Motor einbaute. Die Auto-Union-Werksbezeichnung lautete »m. P. I.« Der Fahrgestellpreis (unbereift) belief sich auf 10200,– RM. Die Einheitsfahrgestelle für mittleren Personenkraftwagen unterschieden sich nur durch den verwendeten Triebwerkblock. Diese Fahrgestelle wiesen den längsten Radstand aller Einheits-Personenkraftwagen auf und hatten aus diesem Grunde die seitlich angebrachten Reserveräder auf einer besonderen Stützachse als Abrollräder angeordnet. Hierdurch wurde das Aufsetzen des Fahrzeuges in der Mitte beim Durchfahren von Gräben und Trichtern verhindert.

An Wechselgetrieben kamen bei den Auto-Union-Modellen die Baumuster »AGN 18« der Firma Prometheus bzw. das ZF-Getriebe »Kb 30 D« zum Einbau. Das Opel-Fahrzeug verwendete ausschließlich das ZF-Getriebe. Lichtmaschinen drei verschiedener Größen (130, 300 und 600 Watt) wurden je nach Einsatz des Fahrzeuges verwendet (nur bei Auto-Union-Fahrgestellen). Opel-Fahrgestelle wurden nur mit der 130-Watt-Lichtmaschine ausgerüstet.

Die zur gleichen Zeit bei der Auto-Union gebaute Ausführung ohne seitliche Stützachsen wurde grundsätzlich mit dem 3,8-l-Horch-Motor ausgerüstet. Daneben wurde das ZF-»AK 4 s 30«-Getriebe verwendet. Diese Fahrgestelle wurden ausschließlich mit Kabriolettaufbauten zur Beförderung von Stabsoffizieren verwendet.

Die 1940 einsetzende vereinfachte Ausführung Typ »40« wurde ohne seitliche Stützachsen geliefert. Hersteller war nunmehr ausschließlich die Auto-Union AG, die zwar immer noch wahlweise entweder den Horch V-8 3,5-l- oder den Opel R-6 3,6-l-Motor einbaute. Die Fertigung lief bei Wanderer ab Fahrgestell-Nr. 40 001, die bei Horch ab Nummer 50 001. Bei Einbau des Opel-Motors war grundsätzlich nur die Verwendung des ZF-»Kb 30 D«-Getriebes möglich, zum Horchmotor gehörte das Prometheus-Getriebe »AGN 18«. Die Auto-Union AG fertigte rund 12 000 dieser Fahrgestelle.

Diese bis 1943 gebauten Fahrgestelle erhielten eine Vielzahl von Spezialaufbauten. Sie liefen auch in den Planstellen der handelsüblichen Fahrgestelle als:

- Mittlerer geländegängiger Personenkraftwagen (Kfz. 11)
- Mittlerer geländegängiger Personenkraftwagen mit Zughaken (Kfz. 12)
- Fernsprech- bzw. Funkkraftwagen (Kfz. 15)
- Meßtrupp-Kraftwagen (Kfz. 16)
- Vorwarner-Kraftwagen (Kfz. 16/1)
- Fernsprechbetriebskraftwagen (Kfz. 17)
- Funkkraftwagen (Kfz. 17)
- Funkkraftwagen (Kfz. 17/1)
- Kabelmeßkraftwagen (Kfz. 17)
- geländegängiger Personenkraftwagen (6sitzig) (Kfz. 21).

Neben diesen Standard-Sonderaufbauten ergab sich noch eine Reihe von geschlossenen Fahrzeugen für Spezialeinsätze. So entstanden u. a. mit Auftrag vom August 1941 12 Stück eines Festungskabel-Meßwagens, bei dem in ein Kfz. 17 eine Kabelmeßeinrichtung mit Lichtmarkengalvanometer und Zubehör eingebaut wurde. 1940 waren bereits 20 Stück des Kfz. 17 in Rundfunkaufnahme-Kraftwagen umgebaut worden. Die Forderung verlangte eine fahrbare und im Gelände transportable Anlage zur Rundfunkaufnahme auf magnetischen Schallträgern.

Ferner wurde noch ein »Großes Wehrgeologengerät« bekannt, welches in einem geschlossenen Aufbau auf dem mittleren Einheitsfahrgestell untergebracht war.

Versuchsweise kam auch ein 3,2-l-Daimler-Benz-Motor bei diesem Fahrgestell zum Einbau.

Auch beim mittleren Einheits-Personenkraftwagen ergaben sich laufend Rahmenbrüche an der vorderen Quertraverse, ferner

- sehr häufige Schwingarmbrüche. Die Befestigungen der Schwingarme am Rahmen brachen laufend aus,
- dauernde Federbrüche,
- sehr häufige Gelenkwellenbrüche,
- sehr häufige Brüche der Schwingarmbolzen und Ausbrechen der Lagerung,
- sehr häufiges Ausbrechen der Federböcke aus dem Rahmen,
- zu schwergängige Lenkung,
- laufend Brüche der Stoßdämpferbolzen,
- häufiges Reißen der Kardanwellen an der Schweißnaht zwischen Gelenk und Welle,
- sehr starke Abnutzung der selbstsperrenden Ausgleichsgetriebe
- Öleinfüllung in das vordere Ausgleichsgetriebe nur mit einem Schlauch und einer kleinen Ölkanne möglich.

Bei der ab 1940 gebauten Ausführung des mittleren Einheits-Pkw waren die seitlichen Stützräder entfallen.

Der Opel-Motor wurde dem Horch-Motor wegen seiner Einfachheit vorgezogen. Im Gesamturteil ergab sich, daß das Fahrzeug viel zu schwer und viel zu kompliziert geraten war. Boden- und Bauchfreiheit waren zu gering. Für die notwendige und sehr zeitraubende Wartung war im Kriege weder Zeit noch genügend Fachpersonal vorhanden. Das Fahrzeug war bei einer Kilometerleistung bis zu 5000 km gut, danach stellten sich dann laufend die oben aufgeführten Schäden ein. Die Schwierigkeit des Ausbaus einzelner Teile verlängerte die Reparaturzeiten, auch wurden die laufenden Produktionsänderungen bei der Ersatzteile-Versorgung nachteilig empfunden.

Etwa 80 Prozent der Truppenteile lehnten das Fahrzeug als nicht kriegsbrauchbar ab.

Der schwere geländegängige Wehrmachts-Personenkraftwagen I unterschied sich grundsätzlich vom leichten und mittleren Fahrgestell dadurch, daß der Motor am hinteren Ende des Fahrgestelles untergebracht war. Das Fahrgestell war ausschließlich für die Verwendung mit gepanzerten Aufbauten vorgesehen. Vierradantrieb war vorgesehen, jedoch hatte man auf das Zwischengetriebe verzichtet, die Vorderachse wurde unmittelbar vom Wechselgetriebe aus angetrieben. Darin war das dritte Sperr-Ausgleichsgetriebe untergebracht. Bei diesem Fahrgestell waren wiederum alle vier Räder gelenkt, die Umstellung von Vorderrad- auf Allradlenkung konnte während der Fahrt erfolgen. Das Getriebe enthielt fünf Gangstufen und ermöglichte eine Höchstgeschwindigkeit von 80 km/h. Das im Heck untergebrachte Triebwerk baute so kurz, daß der hintere Böschungswinkel immer noch 40° betrug. Vorne wurden 60° erreicht. Bei einer Bodenfreiheit von 250 mm, einem Radstand von 2800 mm und einer Spurweite von 1600 mm ergab sich ein Fahrgestellgewicht von ca. 1800 kp. Bei einer Bereifung 210-18 belief sich das zulässige Gesamtgewicht auf 3,8 bis 4 t.

Der Kühler war sehr groß bemessen, er lag vor dem Motor im Aufbau und gewährte selbst unter schwierigen Verhältnissen ausreichende Kühlung. Das Lenkrad war um 90° gegen die Lenksäule gedreht, um den Fahrer möglichst weit vorne unterzubringen und seine Sichtverhältnisse zu verbessern. Bei Allradlenkung betrug der kleinste Wendekreis-Durchmesser ca. 7 m.

Das Fahrgestell wurde ausschließlich von der Auto-Union gefertigt, welche von 1935 bis 1940 den Typ »EG I« herstellte. Die mit dem 3,5-l-Horch-Motor ausgerüsteten Fahrgestelle hatten mechanische Bremsen und als »leichter Panzerspähwagen Ausführung A« eine Höchstgeschwindigkeit von 80 km/h. Je nach Aufbau betrug das zulässige Gesamtgewicht bis zu 4,8 t.

Der von 1941 bis 1943 gebaute Typ »v«, auch als »leichter Panzerspähwagen, Ausführung B« bezeichnet, hatte ein Gesamtgewicht von 5 t und erreichte mit dem 3,8-l-Horch-Motor Geschwindigkeiten bis zu 90 km/h. Nunmehr waren hydraulische Bremsen eingebaut.

Das gleiche Fahrgestell konnte unter Verwendung eines anderen Getriebedeckels mit vorn seitlich liegendem Motor gebaut werden. Bei dieser Anordnung saß der Fahrer halb neben dem Motor. Diese Ausführung mit der Bezeichnung »*schwerer Wehrmachts-Personenkraftwagen II*« hatte eine nutzbare Rahmenlänge von ca. 3 m und konnte als Lastfahrzeug mit einer Nutzlast von 1,5 t Verwendung finden.

Ein Vergleich der Kühlerausbildung zwischen dem schweren und mittleren Einheits-Pkw der deutschen Wehrmacht.

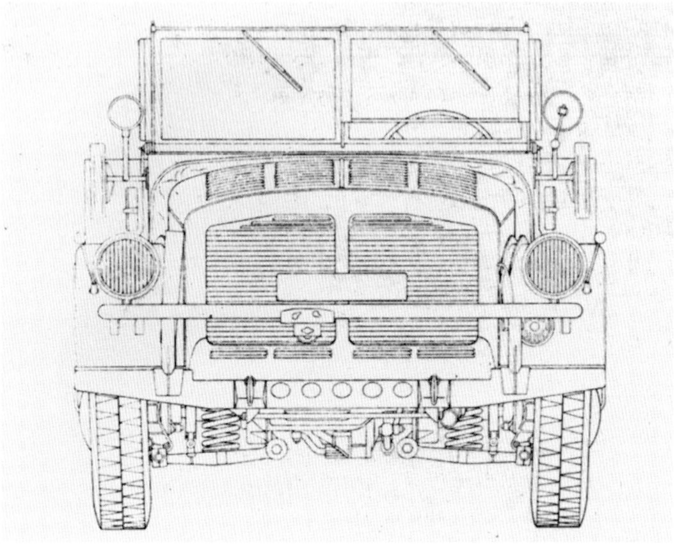

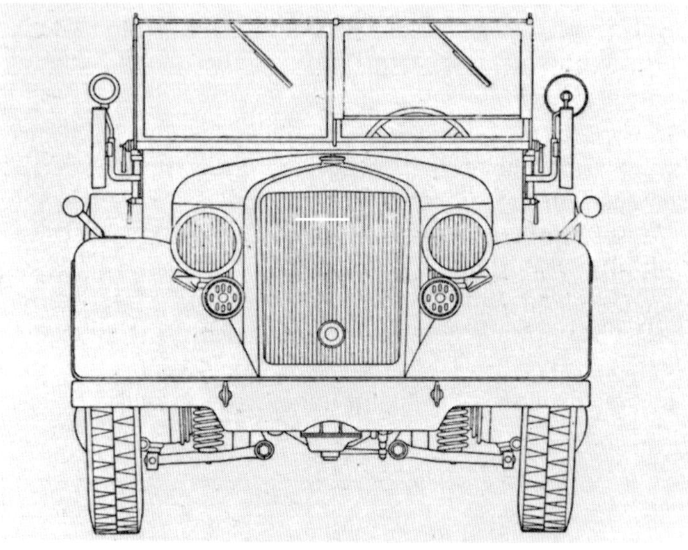

Die Produktion des »Einheitsfahrgestelles II für schweren Personenkraftwagen« kam bei der Auto-Union AG, Werk Horch in Zwickau, ab 1938 ins Laufen. Es wurde als Träger verschiedener Aufbauten verwendet. Bedingt durch diese unterschiedlichen Anforderungen und durch Verbesserungen an einzelnen Bauteilen ergaben sich folgende Abweichungen in der Bauart dieses Einheitsfahrgestelles:

Einheitsfahrgestell II für sPkw, Typ »a« (Fahrgestell-Nr. 100001 bis 100350) hatte Vierradlenkung, umschaltbar auf Zweiradlenkung für Straßenfahrt mit Geschwindigkeiten über 25 km/h. Die Quergelenkwellen waren ein Horch-Fabrikat mit Nadelgelenken innen und Doppelscharniergelenken außen. Die äußeren und inneren Gelenkwellenstücke waren durch Keilnabenprofile und Schiebehülsen verbunden (Längenausgleich).

Einheitsfahrgestell II für sPkw, Typ »b« (Fahrgestell-Nr. 120001 bis 120650) hatte Zweiradlenkung. Die Quergelenkwellen waren Fabrikat Horch. Bei den vorderen Gelenkwellen gab es Nadelgelenke innen und Doppelscharniergelenke außen. Die äußeren und inneren Gelenkwellenstücke waren ebenfalls durch Keilnabenprofile und Schiebehülsen verbunden.

Einheitsfahrgestell II für sPkw, Typ »1a« (Fahrgestell-Nr. ab 100351) hatte wiederum Vierradlenkung, umschaltbar auf Zweiradlenkung mit Geschwindigkeiten über 25 km/h. Die Quergelenkwellen waren Fabrikat Rheinmetall. Bei den vorderen Gelenkwellen waren die Rollengelenke innen und die Doppelrollengelenke außen. Bei den hinteren Gelenkwellen ergaben sich Rollengelenke innen und außen. Im Gegensatz zu den Horch-Gelenkwellen waren sie nunmehr nicht mehr geteilt. Der Längenausgleich erfolgte durch Keilnabenprofil in den Radantrieben.

Einheitsfahrgestell II für sPkw, Typ »1b« (Fahrgestell-Nr. ab 120651) hatte die gleiche Gelenkwellenauslegung wie der Typ »1a«, jedoch nur Vorderradlenkung.

Einheitsfahrgestell II für sPkw, Typ »1c« (Fahrgestell-Nr. ab 140001) hatte die Gelenkwellenanordnung der Typen »1a« und »1b«, jedoch nur Zweiradlenkung und keine seitlichen Stützräder. Es wurde nur für Aufbauten mit Seitenpanzerung gefertigt. Ein zusätzliches Kühlgebläse war eingebaut. Das Lenkrad war wiederum um 90° gegen die Lenksäule gedreht, um den Fahrer weiter nach vorne zu bringen.

Während bei allen diesen Fahrgestellen je nach Verwendung entweder 130-, 300- oder 600-Watt-Lichtmaschinen zur Verfügung standen, kamen die »1c«-Fahrgestelle ausschließlich mit der 600-Watt-Anlage zum Einsatz.

Der schwere geländegängige Wehrmachts-Personenkraftwagen II, auch als schwerer Einheits-Pkw bekannt, wurde von den Firmen Auto-Union und Ford gebaut. Fast 5000 dieser Fahrzeuge wurden gefertigt.

Alle Baumuster waren zur Erhöhung der Geländegängigkeit mit Allradantrieb ausgestattet. Die Horch-Baumuster »108«, Ausführungen »a« und »b«, waren mit dem 3,5-l-, die Ausführungen »1a«, »1b« und »1c« mit dem 3,8-l-Horch-V-8-Motor ausgerüstet.

Die Auto-Union AG fertigte 2904 dieser Fahrgestelle. Die Zweigniederlassung der Ford-Werke AG in Berlin baute zur gleichen Zeit insgesamt 1901 Stück des schweren Einheits-Personenwagen-Fahrgestelles. Die Typen »EG a«, »EG b« und »EG d« wurden ausschließlich mit dem Ford-V-8-Vergasermotor, 3,6 l und 78 PS Leistung, ausgerüstet. Die Ausführungen »EG a« und »EG d« hatten Vierradlenkung.

Ab 1940 übernahm die Auto-Union die Alleinherstellung dieser Fahrzeuge, rüstete aber den vereinfachten Typ »40« entweder mit der 3,8-l-Horch-Maschine oder aber mit dem 3,6-l-Ford-Motor aus. Die Fahrzeuge hat-

Auch bei diesem Fahrzeug entfielen ab 1940 die seitlichen Stützräder.

ten nur noch Vorderradlenkung, die seitlichen Stützräder waren entfallen. Die Produktion lief bereits 1941 aus.

Die Verwendung dieser Fahrzeuge war gleichlaufend mit der der leichten Lastkraftwagen. Dabei ergaben sich folgende Sonderfahrzeuge:

- Fernsprechkraftwagen (Kfz. 23)
- Verstärker-Kraftwagen (Kfz. 24)
- Krankenkraftwagen (Kfz. 31)
- Protzkraftwagen (Kfz. 69)
- Mannschaftskraftwagen (Kfz. 70)
- leichter Flakkraftwagen (Kfz. 81)
- leichte Scheinwerferkraftwagen I und II (Kfz. 83) und schwerer, gepanzerter Personenkraftwagen (Sd. Kfz. 247)

Zur Verwendung bei Flak und Heer wurde eine Abart des Kfz. 70 als Selbstfahrlafette mit 2-cm-Flak 30 eingesetzt. 7 Mann Besatzung und 800 Schuß Munition wurden bei einer v/max von 80 km/h mitgeführt.

Auf Grund von Felderfahrungen ergaben sich bei diesen Fahrgestellen folgende schwerwiegende Probleme:

- Häufige Rahmenbrüche vorne rechts und links in Höhe der vorderen Quertraverse
- Häufige Brüche der drei vorderen Quertraversen
- Häufige Federbrüche
- Häufiges Ausbrechen der Bolzenaugen in den Schwingarmen
- Häufiges Aufplatzen der Schweißnähte der Schwingarme
- Die Lenkung ist selbst auf guter Straße zu schwergängig
- Das Triebwerk ist für das Fahrzeug zu schwach

Das Fahrzeug konnte im allgemeinen bei besonders sorgfältiger Pflege unter einem besonders guten Fahrer als noch kriegsbrauchbar bezeichnet werden.

Der leichte Wehrmachts-Lastkraftwagen war grundsätzlich in der gleichen Weise aufgebaut wie die Wehrmachts-Personenkraftwagen. Jedoch wurde bei diesem Fahrzeug die Vereinheitlichung noch weiter geführt, indem auch der Motor von allen Herstellern nach gleichen Zeichnungen gebaut wurde. Dieser Einheits-Dieselmotor wurde nach entsprechenden Vorverhandlungen vom Oberkommando der Wehrmacht durch die Firmen MAN, Henschel und Humboldt-Deutzmotoren AG entwickelt. Jede dieser Firmen stellte zwei Konstrukteure ab, die für einige Zeit im »Einheitsbüro« der MAN in Nürnberg arbeiteten. Der Auftraggeber hatte bestimmt, daß für den betreffenden Motor das MAN-Dieselverfahren verwendet werden mußte. Gleichzeitig wurde der MAN die Federführung für den Gesamtentwurf des Triebwerkes übertragen. Als Höchstleistung des Motors wurden 75 PS bei n = 2400 festgelegt. Die Dauerleistung sollte das 0,9fache der erreichbaren Spitzenleistung betragen. Da das gewählte Arbeitsverfahren nicht allen Herstellern geläufig war, wurde der Hubraum so bemessen, daß der Motor mit Sicherheit die verlangte Leistung abgeben konnte. Daraus ergab sich ein Reihen-Sechszylinder mit 105 mm Bohrung, 120 mm Hub und einem Gesamthubraum von 6,25 l. Das Kurbelgehäuse war mit sämtlichen sechs Zylindern aus einem Stück hergestellt. Die Kurbelwelle lief in 7 Bleibronzelagern. Die Zylinderlaufbüchsen waren auswechselbar. Die Abdichtung der Büchsen im Kurbelgehäuse erfolgte durch Bunaringe. Ein Schmierölumlaufsystem ermöglichte ausreichende Motorschmierung auch bei extremen Schräglagen des Fahrzeuges. Das Gewicht des kompletten Triebwerkes betrug 600 kp.

Vom Motor ging der Antrieb über ein handelsübliches, aber in seiner Bauart festgelegtes Viergang-Getriebe

Vom leichten geländegängigen Wehrmachts-Lastkraftwagen, dem »Einheits-Diesel«, wurden von verschiedenen Herstellern ca. 12 000 Fahrzeuge gefertigt.

und von dort auf ein senkrecht liegendes Zwischengetriebe, das wiederum zwei Stufen und außerdem ein von Hand sperrbares Ausgleichsgetriebe enthielt. Es standen daher insgesamt acht Übersetzungsstufen zur Verfügung. Jede der drei Triebachsen enthielt ein weiteres selbstsperrendes Ausgleichsgetriebe. Der Achsantrieb war als Schneckenradantrieb ausgebildet. Der Radstand betrug 3000 + 1100 mm, die Spurweite

Die Maßstabskizze zeigt das einfachbereifte Fahrgestell mit Allradantrieb.

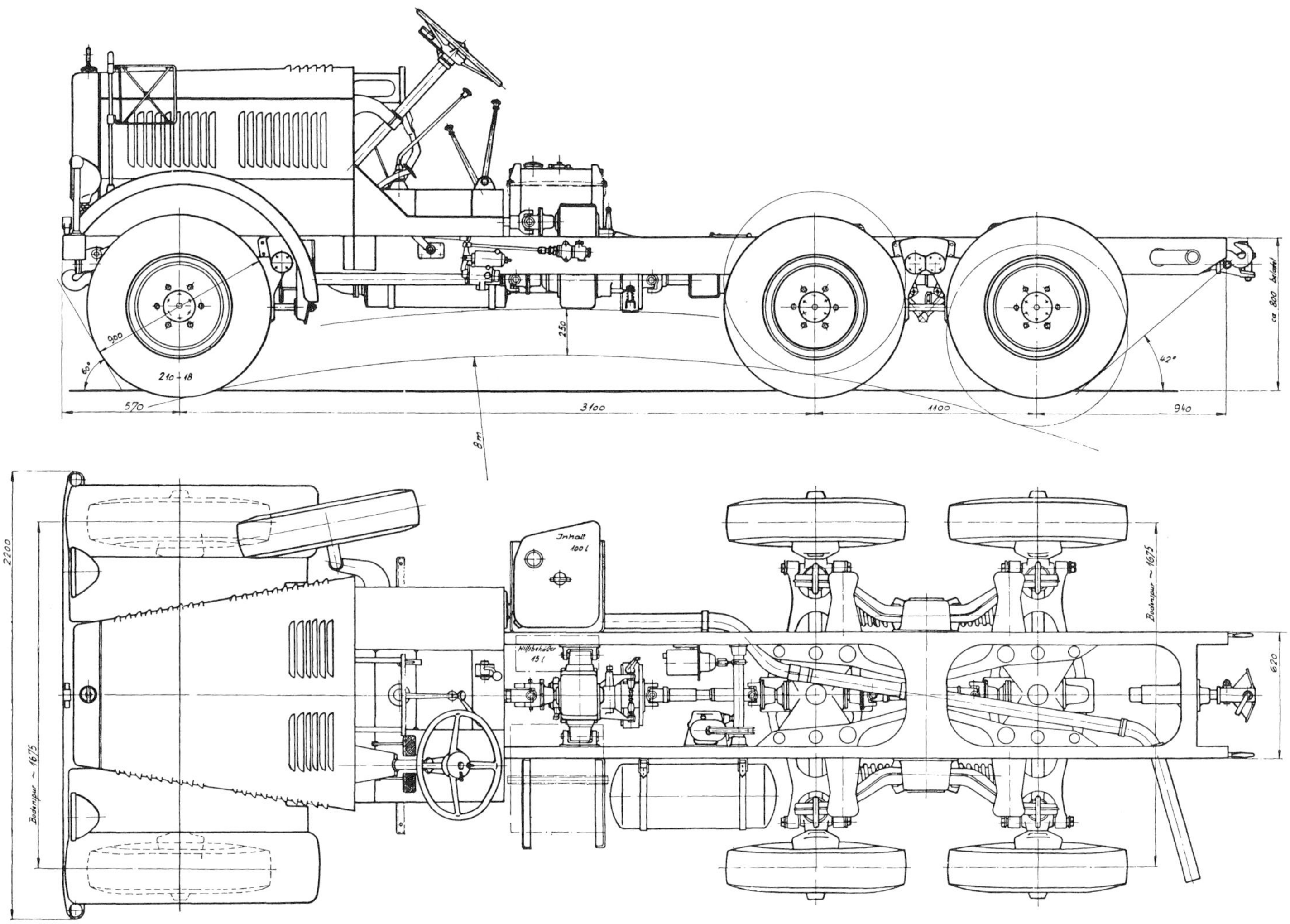

ca. 1700 mm. Mit Reifen 210-18 wog das Fahrgestell rund 3000 kp und hatte eine Tragfähigkeit von 3,5 t. Die Nutzlast war auf Straße wie im Gelände mit 2,5 t festgelegt. Die Bodenfreiheit betrug 280 mm. Böschungswinkel vorne 60°, hinten 40°.

Sämtliche Räder wurden gebremst, außerdem war am Zwischengetriebe eine Getriebebremse angebaut. Das Bremssystem wurde durch eine Druckluft/Drucköl-Hilfsbremsanlage unterstützt.

Die Federung der beiden Hinterachsen war untereinander ausgeglichen. Zu diesem Zweck waren an jeder Fahrzeugseite zwei als Winkel mit ungleich langen Schenkeln ausgebildete Federschwingarme unabhängig voneinander drehbar aufgehängt. Sie schwangen in einer zur Fahrzeuglängsachse parallelen senkrechten Ebene. Hierbei glitten die langen Schenkel auf Gleitstücken an den äußeren Enden der Radschwingarme, während die nach unten zeigenden kurzen Schenkel je eine parallel zur Wagenlängsachse liegende Schraubenfeder belasteten. Die äußeren Federteller beider Federn waren durch einen durch die Federmitte gehenden nachstellbaren Bolzen verbunden. Bei jeder Durchfederung einer Achse wurde die Belastung gleichmäßig auf beide Achsen verteilt. Für die Vorderachse war aus Gründen der Übereinstimmung mit dem mittelschweren Lastkraftwagen die gleiche Federanordnung wie für die Hinterachsen gewählt worden.

Der leichte Wehrmachts-Lastkraftwagen, offiziell als Typ »HWA 526 D« ausgewiesen und bei der Truppe als »Einheitsdiesel« bekannt, lief grundsätzlich in den Planstellen der leichten geländegängigen Lastkraftwagen.

Gebaut wurden die Fahrzeuge in den Jahren 1937 bis 1940 von den Firmen:

Maschinenfabrik Augsburg-Nürnberg AG, Werk Nürnberg (1795 Stück)
Henschel & Sohn AG, Kassel (ca. 1500)
Kloeckner-Humboldt-Deutz AG, Werk Magirus Ulm (ca. 2500 Stück)
Buessing-NAG, Werk Braunschweig (3195 Stück/ Fahrgestell-Nr. 110 001 bis 113 195)
Hansa-Lloyd-Goliath Werke, Bremen (2351 Stück/ Fahrgestell-Nr. ab 190 001)

Auch fanden sich bei Faun und Daimler-Benz Unterlagen, die auf eine Produktion dieser Fahrzeuge bei diesen Firmen hinwiesen, nähere Hinweise fehlen jedoch. Die »Einheitsdiesel-Motoren« wurden von Büssing-NAG, Daimler-Benz, Fahrzeug- und Motorenwerke AG (Junkers), Hansa-Lloyd-Goliath-Werke, Henschel, Humboldt-Deutzmotoren AG, Heinrich Kämper Motorenfabrik AG, Friedrich Krupp AG, MAN und der Vomag Betriebs AG hergestellt. Kämper Motorenfabrik AG versorgte noch jahrelang nach Auslauf der Produktion die Ersatzteilelager.

Im Rahmen des »Schell«-Programmes wurde der Bau des »Einheitsdiesel«-Fahrzeuges aufgegeben.

Der mittelschwere geländegängige Wehrmachts-Lastkraftwagen bestand grundsätzlich aus den gleichen Bauteilen wie der leichte, war jedoch zur Aufnahme der höheren Belastung sowie zur Erhöhung der Geländegängigkeit mit einer vierten Triebachse ausgerüstet. Die vierte Achse diente als zweite Vorderachse. Beide Vorderachsen hatten die gleiche Federanordnung wie die Hinterachsen. Um den Einschlag der vier gelenkten Vorderräder zu ermöglichen, waren alle Federschwingarme nach innen gekröpft.

Für dieses Fahrzeug waren ein Achtzylinder-Einheits-Dieselmotor in »V«-Anordnung mit einer Leistung von ca. 120 PS bei n = 2400 sowie ein entsprechend verstärktes Getriebe vorgesehen. Die Nutzlast für Straße und Gelände war auf 4000 kp festgelegt. Bei einem Fahrgestellgewicht von 3,5 t, einer Rahmentragfähigkeit von 5 t erreichte das Fahrzeug ein zulässiges Gesamtgewicht von 8,5 t. Als Reifengröße war 210-18 vorgesehen, die Spurweite betrug 1700 mm. Die Radstände der vorderen und hinteren Achsenpaare betrugen 1100 mm, der Abstand zwischen den Mittelachsen konnte je nach Verwendung des Fahrgestelles variiert werden.

Nur wenige Prototypen dieses Fahrzeuges wurden bei der Maschinenfabrik Augsburg-Nürnberg AG gefertigt. Auch das Triebwerk ging nicht in Serie.

Von den Versuchsstücken verwendete die MAN in Nürnberg vier Stück als Grundlage für eine schwimmfähige Sperrmaschine mit Straßenpflug. Der Auftrag dafür erfolgte im August 1939 vom Heereswaffenamt an die Firmen MAN (Sperrmaschine), und Gebr. Eberhardt, Ulm (Straßenpflug). Die militärische Forderung

Vom mittelschweren geländegängigen Wehrmachts-Lastkraftwagen wurden nur einige Prototypen gebaut.

verlangte ein Gerät zum Zerstören von Straßen in Längsrichtung und zum Errichten und Beseitigen von Sperren.
Zwei Versuchsstücke waren im Herbst 1941 fertiggestellt. Dabei ergab sich ein schwimmfähiges Achtradfahrzeug mit 40-t-Winde bei 10 m/min Einholgeschwindigkeit für den Pflug. Hinten am Fahrzeug war ein Erdsporn angebracht, um die Zugleistung der Winde voll auszunutzen. Das Gewicht des Fahrzeuges betrug etwa 5 t, eingebaut war ein MAN-»3555«-Dieselmotor mit 150 PS Leistung. Das Getriebe zum wechselweisen Antrieb der Räder oder Schiffschrauben und zum Betrieb der Winde wurde ebenfalls von der MAN beigestellt. Neben den beiden Windenfahrzeugen wurden noch zwei sogenannte Gerätewagen gebaut. Diese

Mitteilung vom 24. 4. 1941: Versuche mit Sperrmaschine vom 21. 3. bis 9. 4. 1941. Gut im Wasser umd im Gelände. Im Wasser 10 km/h. Forderung erfüllt.

Vier dieser Fahrzeuge bildeten die Grundlage für eine schwimmfähige Sperrmaschine mit Straßenpflug.

Fahrzeuge konnten über Rampen mit anderen Fahrzeugen beladen werden.
Ferner lag noch in der Planung ein zweiachsiger »Einheits-Lastkraftwagen«, der durch eine Kürzung des Rahmens, unter Fortlassung der zweiten Hinterachse und durch Einbau eines schwächeren Motors entstehen sollte. Da die dabei erreichbare Nutzlast von 1,5 t bereits vom schweren Einheits-Personenwagen-Fahrgestell II erreicht wurde, wurde das Projekt fallen gelassen.
Abschließend sei auch hier über die Beurteilung des »Einheitsdiesel«-Lastkraftwagen durch die Truppe berichtet, die ja letztlich ausschlaggebend für den tatsächlichen Wert des Fahrzeuges war. Folgende Schwachstellen traten auf:

- Laufende Rahmenbrüche an verschiedenen Stellen
- Sehr häufige Schweißnahtrisse der Schwingarme mit anschließendem Bruch der Schwingarme
- Häufiges Ausbrechen der Schwinghebelbolzenaugen
- Sehr häufige Brüche der langen Verbindungsschrauben der Hinterfedern
- Zughaken reißen dauernd aus dem Rahmen aus
- Häufige Verklemmungen im Vorgelegegetriebe durch Verbiegung der Zwischenwelle
- Schalthebel des Vorgelegegetriebes sitzt zu dicht am Fahrersitz, wodurch Zahnräder häufig nicht voll in Eingriff kommen
- Außergewöhnlich hoher Verschleiß der Wasserpumpe
- Zylinderkopfrisse zwischen den Ventilen (keine Frostschäden)
- Häufige Risse der Zylinderwand hinter der Einspritzpumpe (keine Frostschäden)
- Zu starke Abnutzung der Diesel-Einspritzpumpen

Im Gesamturteil wurde das Fahrzeug als viel zu schwer im Verhältnis zu seiner Tragkraft empfunden. Der Reifenverschleiß war wegen des sehr hohen Gesamtgewichtes entsprechend groß. Die Kompliziertheit des Gesamtentwurfes verlangte eine sehr sorgfältige, im Kriege nicht immer mögliche Wartung. Die Reparaturen waren wegen der Schwierigkeit des Ausbaus einzelner Teile langwierig. Die laufend in die Serie eingeflossenen Änderungen machten die Ersatzteileversorgung ganz besonders schwierig. Etwa 70 Prozent aller

Zwei dieser Fahrzeuge hatten eine 40 t Winde eingebaut, deren Einholgeschwindigkeit für den Pflug 10 m/min. betrug. Hinten am Fahrzeug war ein Erdsporn angebracht, um die Zugleistung der Winde voll auszunutzen.

Truppenteile lehnten das Fahrzeug als nicht kriegsbrauchbar ab.
Zusammenfassend darf erwähnt werden, daß der 1934 begonnene Versuch, ausgesprochen heereseigene Personen- und Lastkraftwagen zu schaffen, schon in seiner Grundkonzeption eine unerträgliche Typenvielfalt schuf. Obwohl man von Anfang an auf Normung und Vereinfachung bestand, erlaubte es die geringe Leistungsfähigkeit der deutschen Automobilindustrie nicht, diese Typisierung folgerichtig zu einem Abschluß zu bringen. Da die Industrie zu jener Zeit der Auffassung war, daß eine Einschränkung der Vielfalt handelsüblicher Typen nicht möglich sei, ergaben sich notgedrungen spezielle, technisch aufwendige Sonderkonstruktionen. Sie konnten sich im harten Alltag des militärischen Betriebes nicht bewähren. Es war die Truppe selbst, die sie fast ausnahmslos ablehnte.

Das Gerät diente zum Zerstören von Straßen in Längsrichtung sowie zum Errichten und Beseitigen von Sperren.

Mittlerer Einheits-PKW Horch 901 der Wehrmacht. (Foto: Willi Ude, © CC-BY-SA-3.0).

Horch 40 Kfz 15 in der Normandie, 1944. (Foto: © CC-BY-SA-2.0).

Adler-Standartenwagen, 1937. (Foto: © Brück & Sohn Kunstverlag).

ANLAGE I

Der Anstrich des Heeresgerätes

Schon im Ersten Weltkrieg, und zwar auf Grund eines Vorschlages der APK vom 7. 9. 1918, war ein Buntfarbenanstrich für Panzerfahrzeuge befürwortet worden. Derselbe Farbanstrich war bereits ab Juli 1918 allgemein für Heeresgerät eingeführt worden. Diese Tarnbemalung in den Tönen grau, grün und braun wurde als Tarnanstrich auch von der Reichswehr übernommen. Allerdings ergaben sich dabei einige Abwandlungen, welche im Erlaß Rw.M. H.L. vom 16. 5. 1922 Nr. II D 1007/3.22 In. 6 (K) auf Grund eingegangener Vorschläge für Reichsheer und Reichsmarine wie folgt festgesetzt wurden:

Fahrzeugart	*Fahrgestell*	*Aufbau*	*Kotflügel*
Personen- und Kleinkraftwagen	schwarz, lackiert	handelsüblich dunkelgrün oder dunkelblau oder dunkelgrau oder dunkelbraun lackiert	schwarz, lackiert
Krankenkraftwagen, Krankenanhänger	schwarz, matt	taubengrau, matt	schwarz, matt
Kraftomnibusse	schwarz, lackiert	taubengrau, lackiert	schwarz, lackiert
Lastkraftwagen, Anhänger (einschl. Feldküchen, Beleuchtungs- und Betriebsstoffanhänger)	schwarz, matt	Feldgrau, matt	schwarz, matt
Krafträder	schwarz, lackiert		schwarz, lackiert
Kraftzugmaschinen	buntfarbig, matt	buntfarbig, matt	buntfarbig, matt
Sonderkraftfahrzeuge der Artillerie	buntfarbig, matt	buntfarbig, matt	buntfarbig, matt
Sonderkraftfahrzeuge der Nachrichtentruppe			
a) omnibusartige	schwarz, lackiert	taubengrau	schwarz, lackiert
b) nach Art der gewöhnlichen Lastkraftwagen	schwarz, matt	feldgrau, matt	schwarz, matt
Gepanzerte Kraftwagen (Gp.Kw.)	buntfarbig, matt	buntfarbig, matt	buntfarbig, matt

Dieser neu festgesetzte Anstrich war erst dann anzuwenden, wenn die vollständige Auffrischung eines Fahrzeuges erforderlich wurde.
Die Wehrmacht führte ab 1935 einen neuen, wesentlich dunkleren grau-braunen Geräteanstrich ein. Das Verhältnis von Dunkelgrau zu Dunkelbraun war ungefähr zwei zu eins. Alle im Herbst 1939 eingezogenen Fahrzeuge wurden so gestrichen.
Schon 1940 trat die erste Änderung ein. Eine Heeresmitteilung 1940, Nr. 864 vom 31. 6. 1940 besagt u. a.: Um Anstreichstoffe einzusparen, wird auf die Dauer des Krieges das Gerät, für welches der Anstrich dunkelgrau/dunkelbraun vorgeschrieben ist, nur noch mit einfarbig dunkelgrauem Anstrich versehen. 1941 ergab sich für die in Afrika zum Einsatz kommenden Truppenteile die Notwendigkeit eines neuen Anstriches. Am 3. Juli 1942 wurde dieser natürlich schon wieder geänderte »Afrikaanstrich« auch für die auf Kreta liegenden Truppenteile vorgeschrieben (HM 1942 Nr. 600).
Die HM 1941, Nr. 281 besagt, daß anstelle des Anstrichs dunkelgrau/dunkelbraun oder einfarbig dunkelgrau das Gerät (einschließlich aller Kraftfahrzeuge) der in Afrika eingesetzten Truppen mit Anstrich gelbbraun (RAL 8000)/graugrün (RAL 7008), beide Farben matt (nicht glänzend), zu versehen sei. Dieser Anstrich war in derselben Art durchzuführen wie der bisherige, anstelle von Dunkelgrau trat Gelbbraun, anstelle von Dunkelbraun trat Graugrün. Die Farben waren nicht gegeneinander scharf abzusetzen, sondern sie mußten allmählich ineinander übergehen. Kleine Flächen (auch Speichen- oder Scheibenräder) konnten einfarbig gestrichen werden. Gelbbraun war vorherrschend, etwa im Verhältnis von zwei Drittel Gelbbraun zu einem Drittel Graugrün.
Dieser Anstrich wurde bereits Anfang 1942 wieder geändert. HM 1942, Nr. 315 vom 25. März 1942 besagt u. a.: Anstelle des dunkelgrauen Anstriches ist das Gerät – einschließlich Kraftfahrzeuge – der in Afrika eingesetzten Truppen mit Anstrich braun (RAL 8020)/grau (RAL 7027), beide Farben matt (nicht glänzend) zu versehen.
Braun 8020 ist vorherrschend, etwa im Verhältnis zwei Drittel Braun zu einem Drittel Grau. Grau ist in unregelmäßigen Flecken aufzutragen, dabei sollen beide Farben allmählich ineinander übergehen. Kleine Flächen wie Räder usw. können einfarbig 8020 oder 7027 gestrichen werden. Die bisherigen Farben 8000 und 7008 sollten aufgebraucht werden. Abwaschbare Farbe nach HM 1941, Nr. 1128 war auch für den Anstrich der Planen zu verwenden.
Die Ereignisse gegen Ende des Jahres 1941 in Rußland wurden u. a. im HM 1941, Nr. 1128 vom 18. November 1941 dokumentiert. Es besagt u. a.: Die Truppen in Norwegen, an der finnischen Front und in Rußland können für die Dauer der Schneelage das Gerät – insbesonders Fahrzeuge, einschließlich Kraftfahrzeuge – zur Tarnung mit weißem Anstrich versehen. Zu verwenden war abwaschbare Tarnfarbe nach den abgeänderten Lieferbedingungen 6345. Die Farbe sollte auf den vorhandenen dunkelgrauen Anstrich aufgebracht werden und war nach Wegfall der Schneedecke wieder abzuwaschen.
Die Versorgungsschwierigkeiten des ersten Rußlandwinters ließen diese Anordnung gegenstandslos werden, die Truppe mußte sich mit Kalk begnügen. Nur die aus der Heimat anrollenden Divisionen und das als Ersatz nachgeschobene Großgerät kam mit weißem Geräteanstrich an die Front.
Erst 1943 versuchte man das Problem des Geräteanstrichs grundsätzlich neu zu regeln. Die HM 1943, Nr. 181 und 322 besagt u. a.: Anstelle des bisherigen Geräteanstrichs, dunkelgrau/dunkelbraun, der für Kriegsdauer auf einfarbig dunkelgrau abgeändert wurde, sowie anstelle des Geräteanstrichs braun/grau für die Truppen in Afrika und auf Kreta tritt für Großgerät mit sofortiger Wirkung der Anstrich dunkelgelb.
Für den Anstrich war zu verwenden:

P-Farbe nach TL 6321 für Panzerkampfwagen
W-Farbe nach TL 6320 für Funk- und Nachrichtengerät
Deckfarbe nach TIL 6337 für Gerät und Magnesiumlegierungen (z. B. Elektronräder an Geschützen)
im übrigen Kunstharzfarbe nach TL 6317

Es war Angelegenheit der Truppe, durch Auftragen entsprechender Farben die Tarnung des Gerätes den jeweiligen Feldverhältnissen anzupassen. Hierzu waren von der Truppe Tarnpasten (3) mitzuführen in den folgenden Farben:

Olivgrün nach Farbtonkarte des RLM für Tarnfarben (Gebäude- und Bodentarnung)
Rotbraun, RAL 8017
Dunkelgelb, wie bereits erwähnt

Folgende Pauschalsätze in kp waren u. a. angesetzt:

	Oliv-grün	Rot-braun	Dunkel-gelb
Panzerkampfwagen	2,0	2,0	2,0
Personenkraftwagen	0,5	0,5	0,5
Lastkraftwagen, bis 2 t	1,0	1,0	1,0
Lastkraftwagen, über 2 t	1,5	1,5	1,5

In welcher Form diese Tarnpasten aufzutragen waren, war dem Ermessen der Truppe überlassen. Es kam darauf an, die Fläche eines Gerätes oder Fahrzeuges durch verschiedene Farben für die Sicht zu zerteilen. Im allgemeinen hatte sich das Auftragen in großen Farbflecken unter Vermeidung jeder Regelmäßigkeit bewährt.

Die Tarnpasten konnten nach Zugabe von Wasser oder Treibstoff mit Pinsel, Bürsten oder Lappen aufgetragen werden und trockneten innerhalb kürzester Zeit. Ihre Beseitigung erfolgte mittels Treibstoff.

Als Wintertarnung gab es einen weißen Anstrich mit Emulsionsfarbe nach TL 6345.

Bei der Einführung der neuen Tarnfarben ergaben sich folgende Übergangsbestimmungen:

Gerät in Neufertigung, welches schon den bisherigen Anstrich erhalten hatte war umzustreichen.

Gerät in Beständen war nur noch mit dem neuen Anstrich abzugeben, bis Ende Februar 1943 jedoch mit weißer Emulsionsfarbe zu überstreichen.

Das bei der Feldtruppe vorhandene Gerät mit Anstrich dunkelgrau oder braun/grau war nicht umzustreichen. Notwendige Tarnung war mittels Tarnpaste durchzuführen.

Bei Ersatz- und Besatzungstruppen war das Gerät so bald wie möglich auf den neuen Anstrich umzustellen. Das Umfärben der Wagenplanen hatte mittels Tarnpaste zu erfolgen.

Das Heer. Techn. V. Blatt 1943 Nr. 39 besagt, daß der neue Anstrich nur gültig sei für Kraftfahrzeuge des Frontheeres sowie für solche, die dorthin geliefert oder abgegeben würden. Kraftfahrzeuge des Ersatzheeres waren erst dann mit diesem Anstrich zu versehen, wenn der Anstrich sowieso erneuert werden mußte. (OKW [Ch W Kw] 3. 5. 1943 – Nr. 61.5.43 Abt. Mot./V.)

Der neue Anstrich wurde ab Frühjahr 1943 rasch und allgemein durchgeführt und gab der Deutschen Wehrmacht den für die zweite Kriegshälfte typischen dunkelgelben Geräteanstrich.

ANLAGE II

Fahrgestell Nr. Baender der bei Buessing-NAG hergestellten 6-Rad und 8-Rad Panzerspähwagen

Typ „G31 P"	Typ „GS"
40173	59902 – 60080
40231	64331 – 64430
40325 – 40327	71336 – 71452
50631 – 50646	79435 – 79472
50705 – 50706	79480 – 79610
51115 – 51124	80257 – 80387
51386 – 51406	85615 – 85914
	87118 – 87267

ANLAGE III

Die amtlichen Kennzeichen der Kraftfahrzeuge der Wehrmacht

Die Kraftfahrzeuge der Deutschen Wehrmacht führten, wie alle zivilen Fahrzeuge, amtliche Kennzeichen, bestehend aus einer Buchstaben- und Nummerngruppe.

1. DIE BUCHSTABENGRUPPE:

Bei Kriegsbeginn bestanden die Gruppen:

WH Heer
WM Kriegsmarine
WL Luftwaffe

Danach traten im Rahmen der Wehrmacht auf:

SS Waffen-SS
Pol Polizei
OT, später WT Organisation Todt
RAD Reichsarbeitsdienst (erst ab 1943)

Mit der Ausweitung des Krieges kamen im Bereich der Wehrmacht noch folgende Unterscheidungen dazu:

MB Militärbefehlshaber Belgien und Nordfrankreich
MD Befehlshaber der deutschen Truppen in Dänemark
MF Militärbefehlshaber in Frankreich
MG Militärbefehlshaber im Generalgouvernement
MH Wehrmachtsbefehlshaber in den Niederlanden
MN Wehrmachtsbefehlshaber in Norwegen
MO Wehrmachtsbefehlshaber Ostland
MR Deutsche Heeresmission Rumänien
MS Wehrmachtsbefehlshaber Südost
MU Wehrmachtbefehlshaber Ukraine
ZB Zivilverwaltung Belgien und Nordfrankreich
ZF Zivilverwaltung in Frankreich
ZO Zivile Kraftfahrzeuge im Operationsgebiet Osten

Nach OKH (Ch. H. Rüst. u. BdE) vom 18. 12. 1944 – 46a – Gen. d. KfW/In 12 (IIIa) waren bis zum 31. 1. 1945 zu löschen: MB, MF, MO, MR, MS, MU, ZB, ZF, ZO.

Die Zeichen: MG, MD, MH und MN blieben bis Kriegsende in Kraft.

2. DIE NUMMERNGRUPPE:

Die Nummerngruppen beruhten auf der territorialen Gliederung der Wehrmacht, die grundsätzliche Regelung war in den Jahren 1938/39 abgeschlossen. Die Armeekorps XIV, XV und XVI erhielten die doppelten Bereiche zugeteilt, weil in diesen Korps die motorisierten, die leichten und die Panzer-Divisionen zusammengefaßt waren.

a) Heer

Wehrkreis I	Königsberg (Pr.)	WH 10000– 19999
Wehrkreis II	Stettin	WH 20000– 29999
Wehrkreis III	Berlin	WH 30000– 39999
Wehrkreis IV	Dresden	WH 40000– 49999
Wehrkreis V	Stuttgart	WH 50000– 59999
Wehrkreis VI	Münster (Westf.)	WH 60000– 69999
Wehrkreis VII	München	WH 70000– 79999
Wehrkreis VIII	Breslau	WH 80000– 89999
Wehrkreis IX	Kassel	WH 90000– 99999
Wehrkreis X	Hamburg	WH 100000–109999
Wehrkreis XI	Hannover	WH 110000–119999
Wehrkreis XII	Wiesbaden	WH 120000–129999
Wehrkreis XIII	Nürnberg	WH 130000–139999
Wehrkreis XIV	Magdeburg	WH 140000–149999
		und WH 240000–249999
Wehrkreis XV	Jena	WH 150000–159999
		und WH 250000–259999
Wehrkreis XVI	Berlin	WH 160000–169999
		und WH 260000–269999
Wehrkreis XVII	Linz (Donau) vorl. Wien	WH 170000–179999
Wehrkreis XVIII	Salzburg	WH 180000–189999

b) Kriegsmarine

Marinestationen der Ostsee	WM	1 000– 5 999
Marinestationen der Nordsee	WM	6 000– 9 999

Am 19. 8. 1940 wurden zusätzlich zugeteilt:

Marinestationen der Nordsee	WM	12 000–13 999
Marinestationen der Nordsee West	WM	10 000–11 999

Die endgültige Regelung erfolgt am 20. 3. 1941. Die früheren Verteilungen der Kennzeichen der Kraftfahrzeuge der Kriegsmarine traten damit außer Kraft.

Oberkommando der Kriegsmarine, Berlin	WM	1– 999
Kommando der Marinestationen		
Ostsee, Kiel	WM	1 000–29 999
Nordsee, Wilhelmshaven	WM	30 000–59 999
Kommandierender Admiral		
Frankreich, Paris	WM	60 000–79 999
Norwegen, Oslo	WM	80 000–99 999

Dem Marinegruppenkommando Süd wurden 1940 die amtlichen Kennzeichen WM 100 000 bis 109 999 durch das Oberkommando der Kriegsmarine zugewiesen.

c) Luftwaffe

Luftgaukommando I	Königsberg	WL	10 000– 19 999
Luftwaffenkommando See	Kiel Magdeburg	WL	20 000– 29 999
Luftgaukommando III	Berlin	WL	300 000–319 999
Luftgaukommando IV	Dresden	WL	400 000–409 999
Luftgaukommando VI	Münster	WL	600 000–609 999
Luftgaukommando VII	München	WL	700 000–709 999
Luftgaukommando VIII	Breslau	WL	800 000–809 999
Luftgaukommando XI	Hannover	WL	110 000–119 999
Luftgaukommando XIII	Nürnberg	WL	130 000–139 999
Luftgaukommando XVII	Wien	WL	170 000–179 999

aus: »Feldgrau«, Heft 4/1954, S. 94 ff.

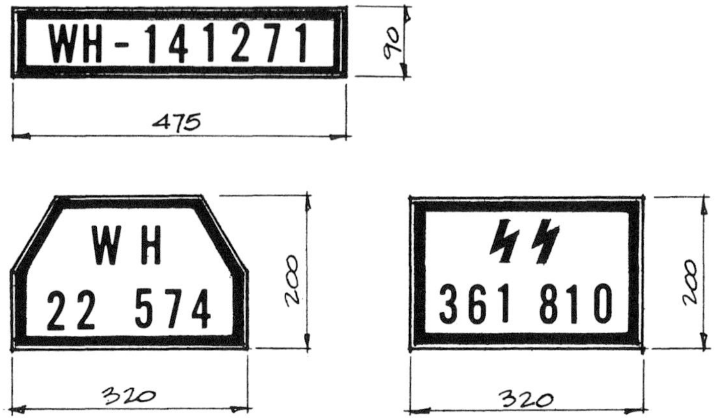

Die Maße der Kennzeichen für Kraftfahrzeuge der deutschen Wehrmacht (Maße in mm).

ANLAGE IV

Gepanzerte Kraftwagen (Gp. Kw.)

Die aus früherer Zeit übernommene Bezeichnung »Straßenpanzerkraftwagen« für die dem Reichsheere zugestandenen 105 gepanzerten Kraftwagen ist irreführend, weil eigentliche Straßenpanzerkraftwagen in ihrer früheren Art als Kampffahrzeug durch den Versailler Vertrag verboten und im Heere nicht mehr vorhanden sind.

Im Gegensatz zu der früheren Zweckbestimmung der Fahrzeuge dieser Art fällt den jetzigen nur die Aufgabe zu, Mannschaften unter Panzerschutz zu befördern.

Für diese Fahrzeuge wird daher die Bezeichnung
»Gepanzerter Kraftwagen (Gp. Kw.)«
bestimmt.

Alle Vorschriften und Verfügungen, in denen die frühere Bezeichnung noch angewendet, die jetzige Fahrzeugart aber gemeint ist, sind entsprechend zu berichtigen.

(Rw., M., H. L., v. 16. 5. 22. Nr. II D 481/2. 22. In. 6 [K].)

„P. D. Panzerwagen“

Herstellungsland: Österreich
Hersteller:
Österreichische Daimler-Motoren-Gesellschaft,
Wiener-Neustadt

Baujahr: 1905
Informationsquelle:
Daimler-Benz AG., Archiv u. a.

Motor: Hersteller, Typ	Daimler	*Bremsart*	siehe unten
Zyl.-Anzahl, Anordnung	4, Reihe	*Fußbremse wirkt auf*	Getriebe = Außenbacken **
Bohrung	100 mm	*Handbremse wirkt auf*	H Räder = Außenband
Hub	140 mm	*Art der Räder*	v = Nickelstahl h = Holzspeichen
Hubraum	4400 ccm		
Verdichtungsverhältnis	1:4,5	*Reifengröße, vorne*	830 mm ⌀ Vollgummi
Drehzahl	1050 U/min	*Reifengröße, hinten*	920 mm ⌀ Vollgummi
Höchstleistung	30 PS	*Spurweite, vorne/hinten*	1220/1282 mm
Leistungsgewicht	15 PS/t	*Radstand*	2860 mm
Ventilanordnung	E = hängend/A = stehend *	*Bodenfreiheit*	220 mm
Kurbelwellenlager	3 Gleit-	*Länge über alles*	4100 mm
Vergaser, Anzahl	1 Typ Daimler-Kolben-	*Breite über alles*	2100 mm
Zündfolge	1-3-4-2	*Höhe über alles*	2700 mm
Anlasser	von Hand	*Fahrgestellgewicht*	
Lichtmaschine	ohne	*zul. Gesamtgewicht*	2000 kp
Kraftstofförderung	Unterdruck	*Nutzlast*	
Kühlung	Wasser	*Sitzplätze*	2
Kupplung	Kegel-, lederbelegt	*Kraftstoffverbrauch*	
Getriebe	Daimler, Schubvorgelege	*Ölverbrauch*	je nach Einsatz
Anzahl der Gänge	V 4, R 1	*Kraftstoffvorrat*	
Treibende Räder	Allrad		
Triebachsenübersetzung	v = Kegel/h = Ritzelantrieb	*Panzerung:*	
Höchstgeschwindigkeit	24 km/h	*Aufbau*	3 mm rundum
Fahrbereich		*Turm*	3,5 mm rundum
Vorderachse	Starrachse	*Leistungen:*	
Art der Lenkung	Schrauben-	*Steigfähigkeit*	25 %
Wendekreis ⌀		*Bewaffnung:*	1 MG
Federung: vorne/hinten	Halbfedern, längs	*Verwendungszweck:*	erster, allradgetriebener Straßenpanzerwagen der Welt
Schmiersystem	Einzel		
Bremsanlage Hersteller	Daimler		
Wirkungsweise	mech.		

*) automatisch wirkende Einlaßventile, welche später durch gesteuerte ersetzt wurden
**) Getriebe-Außenbackenbremse ist wassergekühlt

„Panzerwagen 1915“

Herstellungsland: Deutschland
Hersteller:
Daimler-Motoren-Gesellschaft Werk Stuttgart-Untertürkheim

Baujahr: 1915
Informationsquelle:
Daimler-Benz AG., Archiv
Bemerkungen: Fahrgestell des KW 14 (BAK-Wagen)

Motor: Hersteller, Typ	Daimler M 1464 38/80 PS
Zyl.-Anzahl, Anordnung	4, Reihe
Bohrung	140 mm
Hub	160 mm
Hubraum	9850 ccm
Verdichtungsverhältnis	4,5:1
Drehzahl normal/maximal	850/1200
Höchstleistung	60/80 PS
Leistungsgewicht	9,2 PS/t
Ventilanordnung	stehend
Kurbelwellenlager	3 Gleit-
Vergaser, Anzahl	1, Daimler Kolben-
Zündfolge	1-3-4-2
Anlasser	von Hand
Lichtmaschine	ohne
Batterie, Anzahl	ohne
Kraftstofförderung	Unterdruck
Kühlung	Wasser
Kupplung	Doppelkegel
Getriebe	Daimler Spezial
Anzahl der Gänge	V 4 Wendegetriebe, R 4
Treibende Räder	Allrad
Triebachsenübersetzung	v = Kegelrad h = Ritzelantrieb
Höchstgeschwindigkeit	v = 38/r = 33 km/h
Fahrbereich	
Vorderachse	Gabelachse
Art der Lenkung	Schraubenspindel-
Wendekreis ⌀	

Federung: vorne/hinten	Halbfedern, längs
Schmiersystem	Einzel-
Bremsanlage Hersteller	Daimler
Wirkungsweise	mech.
Fußbremse wirkt auf	Getriebe = zwei wassergek. Außenbacken
Handbremse wirkt auf	H Räder = Außenband
Art der Räder	Stahlgußspeichen
Reifengröße, vorne	⌀ 930 mm
Reifengröße, hinten	″ x 2
Spurweite, vorne/hinten	1536/1678 mm
Radstand	3840 mm
Bodenfreiheit	
Länge über alles	5610 mm
Breite über alles	2050 mm
Höhe über alles	
Fahrgestellgewicht	
zul. Gesamtgewicht	8750 kp
Nutzlast	
Sitzplätze	8
Kraftstoffverbrauch	
Ölverbrauch	
Kraftstoffvorrat	
Panzerung:	
Aufbau	5-7 mm
Leistungen:	
Steigfähigkeit	35 %
Bewaffnung:	3 s MG
Verwendungszweck:	Straßenpanzerwagen

Straßenpanzerwagen „E-V/1917"

Herstellungsland: Deutschland
Hersteller:
Heinrich Ehrhardt Automobilwerke AG., Zella-Mehlis

Baujahr: 1917–19
Informationsquelle:
Heigl, Taschenbuch der Tanks
Bemerkungen: 20 Fahrzeuge wurden hergestellt

Motor: Hersteller, Typ	Ehrhardt
Zyl.-Anzahl, Anordnung	4, Reihe
Bohrung	136 mm
Hub	160 mm
Hubraum	8490 ccm
Verdichtungsverhältnis	4:1
Drehzahl	1200
Höchstleistung	80 PS
Leistungsgewicht	13 PS/t
Ventilanordnung	stehend
Kurbelwellenlager	3 Gleit-
Vergaser, Anzahl	1 Typ Pallas
Zündfolge	1-3-4-2
Anlasser	von Hand o. elt. Eisemann
Lichtmaschine	Eisemann
Batterie, Anzahl	1 Volt 12 Ah
Kraftstofförderung	Gefälle und Druck
Kühlung	Wasser
Kupplung	Lamellen
Getriebe	Schubvorgelege
Anzahl der Gänge	V 6, R 6
Treibende Räder	Allrad
Triebachsenübersetzung	
Höchstgeschwindigkeit	61,3 km/h
Fahrbereich	250 km
Vorderachse	Starrachse
Art der Lenkung	Schrauben-, 2 Lenkungen
Wendekreis ⌀	13,0 m
Federung: vorne/hinten	Halbfedern, längs
Schmiersystem	Hochdruck

Bremsanlage Hersteller	Ehrhardt
Wirkungsweise	mech.
Bremsart	Backen
Fußbremse wirkt auf	Getriebe
Handbremse wirkt auf	H Räder
Art der Räder	Scheiben und Speichen
Reifengröße, vorne	930 x 140 mm
Reifengröße, hinten	1220 x 160 mm
Spurweite, vorne/hinten	1600 mm
Radstand	3900 mm
Bodenfreiheit	320 mm
Länge über alles	5300 mm
Breite über alles	2000 mm
Höhe über alles	2900 mm
Fahrgestellgewicht	
zul. Gesamtgewicht	7750 kp
Nutzlast	je nach Ausrüstung
Sitzplätze	7
Kraftstoffverbrauch	
Ölverbrauch	je nach Einsatz
Kraftstoffvorrat	175 + 15 = 190 Ltr.
Panzerung:	
Aufbau vorne	9 mm
seitlich	6 mm
hinten	9 mm
Bewaffnung:	2 MG 07 + 1 Reserve-MG
Verwendungszweck:	Straßenpanzerwagen

Gepanzerte Zugmaschine mit Doppellenkung

„DZR"

Herstellungsland: Deutschland
Hersteller:
Daimler Motoren Gesellschaft, Werke Untertürkheim und Marienfelde

Baujahr: 1919–20
Informationsquelle:
Daimler Betriebsanleitung Nr. 8241
Bemerkungen: 40 Stück wurden hergestellt

Motor: Hersteller, Typ	Daimler „M 1574"
Zyl.-Anzahl, Anordnung	4, Reihe
Bohrung	150 mm
Hub	170 mm
Hubraum	12020 ccm
Verdichtungsverhältnis	4,5:1
Drehzahl	1200
Höchstleistung	100 PS
Leistungsgewicht	9 PS/t
Ventilanordnung	E = hängend/A = stehend
Kurbelwellenlager	3
Vergaser, Anzahl	1 Typ Mercedes-Kolben-
Zündfolge	1-3-4-2
Anlasser	Bosch R 2 a
Lichtmaschine	Bosch D 4/130 W
Batterie, Anzahl	1 Volt 12 Ah
Kraftstofförderung	Druckluft
Kühlung	Wasser
Kupplung	Doppelkonus
Getriebe	Daimler Spezial-
Anzahl der Gänge	V 4, R 1 mit Zusatz-
Treibende Räder	Allrad
Triebachsenübersetzung	(Ritzelantrieb)
Höchstgeschwindigkeit	36/rückwärts 8,5 km/h
Fahrbereich	150 km
Vorderachse	Gabel-Rohrachse
Art der Lenkung	2 Schraubenspindel-
Wendekreis Φ	12,6 m
Federung: vorne/hinten	Halbfedern, längs
Schmiersystem	Zentral, Bosch

Bremsanlage Hersteller	Daimler
Wirkungsweise	mech.
Fußbremse wirkt auf	Getriebe = Außenbacken
Handbremse wirkt auf	H Räder = Innenbacken
Art der Räder	Holzspeichen, gepanzert
Reifengröße, vorne	1200 x 180 mm
Reifengröße, hinten	1400 x 180 x 2 mm
Spurweite, vorne/hinten	1650 mm
Radstand	3800 mm
Bodenfreiheit	400 mm
Länge über alles	5900 mm
Breite über alles	2100 mm
Höhe über alles	3100 mm
Fahrgestellgewicht	
zul. Gesamtgewicht	11 000 kp
Nutzlast	je nach Ausrüstung
Sitzplätze	8
Kraftstoffverbrauch	150 kp 100 km
Ölverbrauch	3 kp 100 km
Kraftstoffvorrat	200 Ltr. in 2 Behältern
Panzerung:	
Aufbau vorne	9 mm
seitlich	7 mm
hinten	9 mm
Leistungen:	
Steigfähigkeit	25 %
Klettert	250 mm
Watet	700 mm
Verwendungszweck:	Straßenpanzerwagen

Schupo-Sonderwagen Benz/21
„VP 21"

Herstellungsland: Deutschland
Hersteller:
Benz & Cie., Gaggenau in Baden

Baujahr: 1921–22
Informationsquelle:
Daimler-Benz AG., Archiv
Bemerkungen: 25 Stück wurden hergestellt

Motor: Hersteller, Typ	Benz „S 140 N"
Zyl.-Anzahl, Anordnung	4, Reihe
Bohrung	140 mm
Hub	200 mm
Hubraum	12 300 ccm
Verdichtungsverhältnis	4,5:1
Drehzahl	1200
Höchstleistung	100 PS
Leistungsgewicht	9 PS/t
Ventilanordnung	stehend
Kurbelwellenlager	3
Vergaser, Anzahl	1 Typ Zenith
Zündfolge	1-3-4-2
Anlasser	Bosch elt., auch von Hand
Lichtmaschine	Bosch 12 V/225 W
Batterie, Anzahl	1 Volt 12
Kraftstofförderung	Unterdruck
Kühlung	Wasser
Kupplung	Stahllamellen, naß
Getriebe	Benz, Spezial-Wende-
Anzahl der Gänge	V 6, R 6
Treibende Räder	Allrad
Triebachsenübersetzung	(Kegelradantrieb)
Höchstgeschwindigkeit	60 km/h
Fahrbereich	350 km
Vorderachse	Starrachse
Art der Lenkung	Schraubenspindel-
Wendekreis ⌀	12,0 m
Federung: vorne/hinten	Halbfedern, längs
Schmiersystem	Hochdruck
Bremsanlage Hersteller	Benz
Wirkungsweise	mech.
Fußbremse wirkt auf	2 Außenbacken auf Getriebe
Handbremse wirkt auf	Innenbacken auf H Räder
Art der Räder	Stahlblechscheiben
Reifengröße, vorne	1220 x 160 mm
Reifengröße, hinten	1220 x 60 mm x 2
Spurweite, vorne/hinten	1680/1580 mm
Radstand	3600 mm
Bodenfreiheit	300 mm
Länge über alles	5950 mm
Breite über alles	2600 mm
Höhe über alles	3320 mm
Fahrgestellgewicht	
zul. Gesamtgewicht	11 000 kp
Nutzlast	je nach Ausrüstung
Sitzplätze	5
Kraftstoffverbrauch	275 g/PS/h
Ölverbrauch	je nach Einsatz
Kraftstoffvorrat	270 Ltr. (100 + 135 + 35)
Panzerung:	
Aufbau	7-12 mm rundum
Leistungen:	
Steigfähigkeit	35 %
Bewaffnung:	2 MG 08/15 bzw. je nach Verwendung
Verwendungszweck:	Straßenpanzerwagen

Schupo-Sonderwagen/21
„21"

Herstellungsland: Deutschland
Hersteller:
Heinrich Ehrhardt Automobilwerke AG., Zella-Mehlis

Baujahr: 1921–22
Informationsquelle:
Schmitt: Die Sonderwagen der Schupo
Bemerkungen: 30 Stück wurden hergestellt

Motor: Hersteller, Typ	Ehrhardt „8,5 Ltr."
Zyl.-Anzahl, Anordnung	4, Reihe
Bohrung	136 mm
Hub	160 mm
Hubraum	8490 ccm
Verdichtungsverhältnis	4,5:1
Drehzahl	1300
Höchstleistung	80 PS
Leistungsgewicht	7,2 PS/t
Ventilanordnung	stehend
Kurbelwellenlager	3 Gleit-
Vergaser, Anzahl	1 Typ Pallas
Zündfolge	1-3-4-2
Anlasser	Bosch BR 2,5/12
Lichtmaschine	Bosch OVA 225 W/12 V
Batterie, Anzahl	1 Volt 12 Ah 100
Kraftstofförderung	Unterdruck und Gefälle
Kühlung	Wasser
Kupplung	Lamellen, naß
Getriebe	Schubvorgelege
Anzahl der Gänge	V 6, R 6
Treibende Räder	Allrad
Triebachsenübersetzung	
Höchstgeschwindigkeit	56 km/h
Fahrbereich	350 km
Vorderachse	Starrachse
Art der Lenkung	Schrauben-
Wendekreis ⌀	13,0 m
Federung: vorne/hinten	Halbfedern, längs

Schmiersystem	Hochdruck
Bremsanlage Hersteller	Ehrhardt
Wirkungsweise	mech.
Fußbremse wirkt auf	Getriebe = Außenbacken
Handbremse wirkt auf	H Räder = Innenbacken
Art der Räder	Stahlgußspeichen
Reifengröße, vorne	1220 x 160 mm
Reifengröße, hinten	1220 x 60 mm x 2
Spurweite, vorne/hinten	1600 mm
Radstand	3900 mm
Bodenfreiheit	360 mm
Länge über alles	6500 mm
Breite über alles	2410 mm
Höhe über alles	3450 mm
Fahrgestellgewicht	
zul. Gesamtgewicht	11 000 kp
Nutzlast	je nach Ausrüstung
Sitzplätze	6
Kraftstoffverbrauch	60 Ltr. 100 km
Ölverbrauch	je nach Einsatz
Kraftstoffvorrat	250 Ltr. (3 Behälter)
Panzerung:	
Aufbau	7-12 mm rundum
Leistungen:	
Steigfähigkeit	25 %
Bewaffnung:	2 MG 08/15
Verwendungszweck:	Straßenpanzerwagen

Gepanzerter Kraftwagen (Sd. Kfz. 3) und Schupo-Sonderwagen

„DZVR“
Herstellungsland: Deutschland
Hersteller
Daimler-Motoren-Gesellschaft
Werk Stuttgart-Untertürkheim

Baujahr: 1921-22
Informationsquelle:
DB Beschreibung Nr. 8241 v. 21. 4. 1921
Maße in ( ) beziehen sich auf: Schupo-Sonderwagen
Bemerkungen: 31 Stück Schupo-Sonderwagen wurden hergestellt

Motor: Hersteller, Typ	Daimler „M 1574“ 46/100
Zyl.-Anzahl, Anordnung	4, Reihe
Bohrung	150 mm
Hub	170 mm
Hubraum	12 020 ccm
Verdichtungsverhältnis	4,5:1
Drehzahl	1200
Höchstleistung	100 PS
Leistungsgewicht	10 PS/t
Ventilanordnung	E = hängend/A = stehend
Kurbelwellenlager	3
Vergaser, Anzahl	1 Typ Mercedes-Kolben
Zündfolge	1-3-4-2
Anlasser	Bosch R 2 a *
Lichtmaschine	Bosch D 4/130 W
Batterie, Anzahl	1, 12 Volt
Kraftstofförderung	Druckluft
Kühlung	Wasser
Kupplung	Doppelkonus
Getriebe	Daimler Wende-
Anzahl der Gänge	V 5, R 5
Treibende Räder	Allrad
Triebachsenübersetzung	Ritzelantrieb
Höchstgeschwindigkeit	50 km/h
Fahrbereich	S = 300 km
Vorderachse	Gabel-Rohrachse
Art der Lenkung	2 Schraubenspindel-
Wendekreis ⌀	12,6 m
Federung: vorne/hinten	Halbfedern, längs
Schmiersystem	Zentral, Bosch
Bremsanlage Hersteller	Daimler
Wirkungsweise	mech.
Fußbremse wirkt auf	Getriebe = Außenbacken
Handbremse wirkt auf	H Räder = Innenbacken
Art der Räder	Holzspeichen
Reifengröße, vorne	1220 x 160 mm
Reifengröße, hinten	1220 x 320 mm
Spurweite, vorne/hinten	1670/1700 mm
Radstand	3750 mm
Bodenfreiheit	340 mm
Länge über alles	5950 (6100) mm
Breite über alles	2200 (2600) mm
Höhe über alles	2725 (3360) mm
Fahrgestellgewicht	
zul. Gesamtgewicht	12 000 kp
Nutzlast	1400 kp
Sitzplätze	6
Kraftstoffverbrauch	90 kp 100 km
Ölverbrauch	
Kraftstoffvorrat	250 Ltr.
Panzerung:	
Aufbau	7,5 bzw. 10 mm
Leistungen:	
Steigfähigkeit	14°
Klettert	250 mm
Watet	700 mm
Bewaffnung:	2 sMG in Drehtürmen (als Schupo-Sonderwagen)
Verwendungszweck:	gepanzertes Transportfahrzeug (Polizei-Sonderfahrzeug)

* zus. Handanlaßeinrichtung in Wagenmitte vorhanden

Mannschafts-Transportwagen I, auch als ARW (8-Radwagen) bezeichnet

„MTW I“

Herstellungsland: Deutschland

Hersteller:
Daimler-Benz AG., Werke Untertürkheim und Marienfelde (Zusammenbau)

Baujahr: 1927-29

Preis: RM 125 000.–

Informationsquelle:
Daimler-Benz Beschreibung v. 9. 8. 1928

Maße in ( ) beziehen sich auf: Fahrzeug „B“ mit ZF Aphon Getriebe (später in beide Fahrzeuge eingebaut).

Bemerkungen: 2 Fahrzeuge wurden hergestellt

Motor: Hersteller, Typ	Daimler-Benz „M 36“
Zyl.-Anzahl, Anordnung	6, Reihe
Bohrung	105 mm
Hub	150 mm
Hubraum	7793 ccm
Verdichtungsverhältnis	5,2:1
Drehzahl normal/maximal	2000/2350
Höchstleistung	100/105 PS
Leistungsgewicht	13,3 PS/t
Ventilanordnung	stehend
Kurbelwellenlager	7 Gleit-
Vergaser, Anzahl	2 Typ Pallas HID 4
Zündfolge	1-5-3-6-2-4
Anlasser	Bosch BND 2/12 R 9
Lichtmaschine	Bosch T 400/12-800
Batterie, Anzahl	1, 12 Volt 105 Ah *
Kraftstofförderung	2 elt. Autopuls
Kühlung	Wasser
Kupplung	Mehrscheiben, tr.
Getriebe	DB Wende- (ZF Aphon Wende-)
Anzahl der Gänge	V 5 (4), R 5 (4) mit Zusatz-
Treibende Räder	Allrad
Triebachsenübersetzung	1:6,66 – Schneckenantrieb
Höchstgeschwindigkeit	65, mittl. Marsch 32/W = 5 km/h
Fahrbereich	200-250 km
Vorderachse	Pendelachse
Art der Lenkung	Schrauben- auf 4 äußere Räder
Wendekreis ⌀	14,4 m
Federung: vorne/hinten	Halbfedern, längs Pendelachse mit Gleitschuhgeradführung
Schmiersystem	Zentral

Bremsanlage Hersteller	Daimler-Benz AG.
Wirkungsweise	hydr. 2 getrennte Systeme
Bremsart	Innenbacken
Fußbremse wirkt auf	4 innere Räder
Handbremse wirkt auf	Getriebe (Vorgelege)
Art der Räder	Stahlblechscheiben
Reifengröße, vorne und hinten	40 x 8, ursprünglich 1060 x 200 mm
Spurweite, vorne/hinten	1800 mm
Radstand	1550 + 1160 + 1550 mm
Bodenfreiheit	300 mm
Länge über alles	5450 mm
Breite über alles	2280 m. Tarnaufb. 2420 mm
Höhe über alles	1350 m. Turm 2135 mm
Bodendruck	0,7 kp/cm²
Fahrgestellgewicht	selbsttragend, Kasten 2200 kp
zul. Gesamtgewicht	6200, mit Turm 7800 kp
Nutzlast	je nach Verwendung
Sitzplätze	5
Kraftstoffverbrauch	70 Ltr. 100 km
Ölverbrauch	1,5 kp 100 km
Kraftstoffvorrat	170 Ltr., lt. Zeichnung Nr. 65

Wasserantrieb mittels zweiflügeligem Propeller von ca. 800 mm ⌀, Lenken im Wasser durch Radeinschlag.

Panzerung:	
Aufbau	13,5 mm rundum
Leistungen:	
Watet	1000 mm
Steigfähigkeit	33 %
Überschreitet	1500 mm
Bewaffnung:	1 3,7-cm-Kanone (66) + 1 MG
Verwendungszweck:	Prototyp für ein amphibisches, gepanzertes Aufklärungsfahrzeug

*) plus 2 zus. für Funkeinrichtung

Maschinengewehrkraftwagen (Kfz. 13)
Funkkraftwagen (Kfz. 14)
„STANDARD 6"

Herstellungsland: Deutschland
Hersteller:
Adlerwerke vorm. Heinrich Kleyer AG, Frankfurt/Main

Zusammenbau:
Daimler-Benz AG., Berlin-Marienfelde
Baujahr: 1930-34
Informationsquelle:
D 600, Blatt 402 vom 9. November 1935
Maße in ( ) beziehen sich auf: Funkkraftwagen (Kfz. 14)

Motor: Hersteller, Typ	Adler „Standard 6"
Zyl.-Anzahl, Anordnung	6, Reihe
Bohrung	75 mm
Hub	110 mm
Hubraum	2916 ccm
Verdichtungsverhältnis	5,3:1
Drehzahl normal/maximal	3000/3200
Höchstleistung	51/60 PS
Leistungsgewicht	27 PS/t
Ventilanordnung	stehend
Kurbelwellenlager	7 Gleit-
Vergaser, Anzahl	1 Typ Pallas SAD 3
Zündfolge	1-5-3-6-2-4
Anlasser	Bosch AJ 0,8/6
Lichtmaschine	Bosch RJVC 90/6-1100
Batterie, Anzahl	1, 6 Volt
Kraftstofförderung	Unterdruck
Kühlung	Wasser
Kupplung	Einscheiben, tr.
Getriebe	Schubvorgelege
Anzahl der Gänge	V 4, R 1
Treibende Räder	hinten
Triebachsenübersetzung	1:6,1
Höchstgeschwindigkeit	S = 45-50/G = 25-30 km/h
Fahrbereich	S = 240/G = 150 km
Vorderachse	Starrachse
Art der Lenkung	Schnecken-
Wendekreis Φ	15,0 m
Federung: vorne/hinten	Halbfedern, längs
Schmiersystem	Zentral, Bowen
Bremsanlage Hersteller	ATE-Lockheed
Wirkungsweise	hydr.
Bremsart	Innenband
Fußbremse wirkt auf	4 Räder
Handbremse wirkt auf	Getriebe
Art der Räder	Stahlblechscheiben
Reifengröße, vorne	6,00-20
Reifengröße, hinten	6,00-20
Spurweite, vorne/hinten	1440 mm
Radstand	2840 mm
Bodenfreiheit	210 mm
Länge über alles	4200 mm
Breite über alles	1700 mm
Höhe über alles	1500 mm
Fahrgestellgewicht	1100 kp
zul. Gesamtgewicht	2200 (2250) kp
Nutzlast	350 kp
Sitzplätze	3
Kraftstoffverbrauch	S=18/G=25 Ltr. 100 km
Ölverbrauch	0,6 Ltr. 100 km
Kraftstoffvorrat	70 Ltr.
Panzerung:	
Aufbau	8mm rundum
Leistungen:	
Steigfähigkeit	15°
Watet	500 mm
Bewaffnung:	1 MG 13
Verwendungszweck:	behelfsmäßiges Panzerspähfahrzeug
Ähnlich:	Panzerkraftwagen-Nachbildung

Leichter Panzerspähwagen (MG) (Sd. Kfz. 221)

„EG I“ *

Herstellungsland: Deutschland

Hersteller:
Eisenwerk Weserhütte, Bad Oeynhausen (Entwicklung und Montage)

Baujahr: 1935-42

Informationsquelle:
D 664/5 vom 3. März 1943

Motor: Hersteller, Typ	AU/Horch „3,5 Ltr.“	*Wirkungsweise*	mech.
Zyl.-Anzahl, Anordnung	8, VForm 66°	*Bremsart*	Innenbacken
Bohrung	78 mm	*Fußbremse wirkt auf*	4 Räder
Hub	92 mm	*Handbremse wirkt auf*	4 Räder
Hubraum	3517 ccm	*Art der Räder*	Stahlblechscheiben
Verdichtungsverhältnis	6,3:1	*Reifengröße, vorne*	210-18 Gelände
Drehzahl	3600	*Reifengröße, hinten*	210-18 Gelände
Höchstleistung	75 PS	*Spurweite, vorne/hinten*	1610 mm
Leistungsgewicht	18,75 PS/t	*Radstand*	2800 mm
Ventilanordnung	hängend	*Bodenfreiheit*	260 mm
Kurbelwellenlager	5 Gleit-	*Länge über alles*	4800 mm
Vergaser, Anzahl	1 Typ Solex 32 JPF	*Breite über alles*	1950 mm
Zündfolge	1-8-3-6-4-5-2-7	*Höhe über alles*	1700 mm
Anlasser	Bosch BJH 1,4/12	*Feuerhöhe*	
Lichtmaschine	Bosch RKC 130/12-825	*Fahrgestellgewicht*	1960 kp
Batterie, Anzahl	1, 12 Volt 75 Ah	*zul. Gesamtgewicht*	4000 kp
Kraftstofförderung	Solexpumpe	*Nutzlast*	600 kp
Kühlung	Wasser	*Sitzplätze*	2
Kupplung	Einscheiben, tr. F & S PF 20 KZM	*Kraftstoffverbrauch*	28,8 Ltr. 100 km
		Ölverbrauch	0,2 Ltr. 100 km
Getriebe	AU/Horch „Einheits“ Schub-	*Kraftstoffvorrat*	55+55 = 110 Ltr.
		Panzerung:	
Anzahl der Gänge	V 5, R 1	*Aufbau vorne*	10-14,5 mm
Treibende Räder	Allrad	*seitlich u. hinten*	8 mm
Triebachsenübersetzung	1:6,375	*Turm vorne*	
Höchstgeschwindigkeit	80 km/h	*seitlich u. hinten*	8 mm
Fahrbereich	S = 320/G = 200 km	*Leistungen:*	
Vorderachse	Einzelrad	*Steigfähigkeit*	22°
Art der Lenkung	ZF Roß, Schnecken-	*Klettert*	250 mm
Wendekreis ⌀	17/10 m	*Watet*	600 mm
Federung: vorne/hinten	Schrauben	*Bewaffnung:*	1 MG 34 (1050) + 1 MP (192)
Schmiersystem	Zentral	*Verwendungszweck:*	leichter Standard-Panzerspähwagen
Bremsanlage Hersteller	AU/Horch		

* ab 1941 Fahrgestelltyp „v“

Leichter Panzerspähwagen (2 cm) (Sd. Kfz. 222) Ausführung A und B

„EG I bzw. v“

Herstellungsland: Deutschland
Hersteller:
Eisenwerk Weserhütte, Bad Oeynhausen (Entwicklung)

Baujahr: 1935-43
Informationsquelle:
D 686/14 vom 5. November 1942
Maße in ( ) beziehen sich auf: Ausführung B mit Fahrgestelltyp „v“

Motor: Hersteller, Typ	AU/Horch „3,5 l“ (3,8 l)
Zyl.-Anzahl, Anordnung	8, V-Form 66°
Bohrung	78 mm
Hub	92 mm
Hubraum	3517 ccm
Verdichtungsverhältnis	6,3:1
Drehzahl	3600
Höchstleistung	75 PS
Leistungsgewicht	15,62 PS/t
Ventilanordnung	hängend
Kurbelwellenlager	5 Gleit-
Vergaser, Anzahl	1 Typ Solex 32 JPF
Zündfolge	1-8-3-6-4-5-2-7
Anlasser	Bosch BJH 1,4/12 RS 6-46
Lichtmaschine	Bosch RKC 130/12-825 u. a.
Batterie, Anzahl	2, 12 Volt 75 Ah
Kraftstofförderung	Solexpumpe
Kühlung	Wasser
Kupplung	Einscheiben, tr. F & S PF 20 KZM
Getriebe	AU/Horch „Einheits“ Schub-
Anzahl der Gänge	V 5, R 1
Treibende Räder	Allrad
Triebachsenübersetzung	1:6,375
Höchstgeschwindigkeit	80 (90) km/h
Fahrbereich	350 km
Vorderachse	Einzelrad
Art der Lenkung	ZF Roß, Schnecken-
Wendekreis ⌀	A = 10/V = 17 m
Federung: vorne/hinten	Schrauben
Schmiersystem	Zentral, Vogel
Bremsanlage Hersteller	AU/Horch
Wirkungsweise	mech. (hydr.)
Bremsart	Innenbacken
Fußbremse wirkt auf	4 Räder
Handbremse wirkt auf	4 Räder
Art der Räder	Stahlblechscheiben
Reifengröße, vorne	210-18 Gelände
Reifengröße, hinten	210-18 Gelände
Spurweite, vorne/hinten	1610 (1646) mm
Radstand	2800 mm
Bodenfreiheit	260 mm
Länge über alles	4800 mm
Breite über alles	1950 mm
Höhe über alles	2000 mm
Feuerhöhe	1750 mm
Fahrgestellgewicht	1960 kp
zul. Gesamtgewicht	4800 kp
Nutzlast	600 kp
Sitzplätze	3
Kraftstoffverbrauch	28,8 Ltr. 100 km
Ölverbrauch	0,2 Ltr. 100 km
Kraftstoffvorrat	50+50 = 100 Ltr.
Panzerung:	
Wanne vorne	14,5, später 30 mm
seitlich u. hinten	8 mm
Turm vorne	14,5 mm
seitlich u. hinten	8 mm
Leistungen:	
Steigfähigkeit	20°
Klettert	250 mm
Watet	600 mm
Verwendungszweck:	Leichter Standard-Panzerspähwagen
Bewaffnung:	1 2 cm KwK 30/38 (180) + 1 MG 34 (1050)

Leichter Panzerspähwagen (Fu) (Sd. Kfz. 223) Ausführung A und B

„EG I

Herstellungsland: Deutschland
Hersteller:
Maschinenfabrik Niedersachsen-Hannover
Hannover (Montage)

Baujahr: 1935-43
Informationsquelle: D 686/16 vom 5. November 1942
Bemerkungen: Angaben für Ausführung A

Motor: Hersteller, Typ	AU/Horch „3,5 Ltr.“
Zyl.-Anzahl, Anordnung	8, VForm 66°
Bohrung	78 mm
Hub	92 mm
Hubraum	3517 ccm
Verdichtungsverhältnis	6,3:1
Drehzahl	3600
Höchstleistung	75 PS
Leistungsgewicht	17,04 PS/t
Ventilanordnung	hängend
Kurbelwellenlager	5 Gleit-
Vergaser, Anzahl	1 Typ Solex 32 JFP
Zündfolge	1-8-3-6-4-5-2-7
Anlasser	Bosch BJH 1,4/12
Lichtmaschine	Bosch RKC 130/12-825
Batterie, Anzahl	2, 12 Volt 75 Ah
Kraftstofförderung	Solexpumpe
Kühlung	Wasser
Kupplung	Einscheiben, tr. F & S PF 20 KZM
Getriebe	AU/Horch „Einheits“ Schub-
Anzahl der Gänge	V 5, R 1
Treibende Räder	Allrad
Triebachsenübersetzung	1:6,375
Höchstgeschwindigkeit	75 km/h
Fahrbereich	S = 300/G = 200 km
Vorderachse	Einzelrad
Art der Lenkung	ZF Roß, Schnecken-
Wendekreis ⌀	V = 17/A = 10 m
Federung: vorne/hinten	Schrauben
Schmiersystem	Zentral
Bremsanlage Hersteller	AU/Horch
Wirkungsweise	mech.

Bremsart	Innenbacken
Fußbremse wirkt auf	4 Räder
Handbremse wirkt auf	4 Räder
Art der Räder	Stahlblechscheiben
Reifengröße, vorne	210-18 Gelände
Reifengröße, hinten	210-18 Gelände
Spurweite, vorne/hinten	1610 mm
Radstand	2800 mm
Bodenfreiheit	260 mm
Länge über alles	4800 mm
Breite über alles	1950 mm
Höhe über alles	1750 mm
Feuerhöhe	1650 mm
Fahrgestellgewicht	2000 kp
zul. Gesamtgewicht	4400, Ausf. B 4475 kp
Nutzlast	600 kp
Sitzplätze	3
Kraftstoffverbrauch	28,8 Ltr. 100 km
Ölverbrauch	0,2 Ltr. 100 km
Kraftstoffvorrat	50 + 50 = 100 Ltr.
Panzerung:	
Wanne vorne	14,5-30 mm
seitlich u. hinten	8 mm
Turm vorne	
seitlich u. hinten	8 mm
Leistungen:	
Steigfähigkeit	20°
Klettert	250 mm
Watet	600 mm
Verwendungszweck:	leichter Standard-Funkpanzerwagen
Bewaffnung:	1 MG 34 (1050) + 1 MP (192)

Kleiner Panzerfunkwagen (Sd. Kfz. 260) „EG I“

Herstellungsland: Deutschland
Hersteller:
Maschinenfabrik Niedersachsen-Hannover, Hannover

Baujahr: 1935-43
Informationsquelle:
D 664/5 vom 3. März 1943

Motor: Hersteller, Typ	AU/Horch „801“
Zyl.-Anzahl, Anordnung	8, V-Form 66°
Bohrung	78 mm
Hub	92 mm
Hubraum	3517 ccm
Verdichtungsverhältnis	6,3:1
Drehzahl	3600
Höchstleistung	75 PS
Leistungsgewicht	17,59 PS/t
Ventilanordnung	hängend
Kurbelwellenlager	5 Gleit-
Vergaser, Anzahl	I Typ Solex 32 JFP
Zündfolge	1-8-3-6-4-5-2-7
Anlasser	Bosch BJH 1,4/12
Lichtmaschine	Bosch RKC 130/12-825
Batterie, Anzahl	2, 12 Volt 75 Ah
Kraftstofförderung	Solexpumpe
Kühlung	Wasser
Kupplung	Einscheiben, tr. F & S PF 20 KZM
Getriebe	AU/Horch „Einheits“ Schub-
Anzahl der Gänge	V 5, R 1
Treibende Räder	Allrad
Triebachsenübersetzung	1:6,375
Höchstgeschwindigkeit	85 km/h
Fahrbereich	S = 320/G = 200 km
Vorderachse	Einzelrad
Art der Lenkung	ZF Roß, Schnecken-Vierrad-
Wendekreis Φ	17,0/10,0 m
Federung: vorne/hinten	Schrauben
Schmiersystem	Zentral

Bremsanlage Hersteller	AU/Horch
Wirkungsweise	mech.
Bremsart	Innenbacken
Fußbremse wirkt auf	4 Räder
Handbremse wirkt auf	4 Räder
Art der Räder	Stahlblechscheiben
Reifengröße, vorne	210-18 Gelände
Reifengröße, hinten	210-18 Gelände
Spurweite, vorne/hinten	1610 mm
Radstand	2800 mm
Bodenfreiheit	260 mm
Länge über alles	4830 mm
Breite über alles	1990 mm
Höhe über alles	1780 mm
Fahrgestellgewicht	2000 kp
zul. Gesamtgewicht	4260 kp
Nutzlast	600 kp
Sitzplätze	4
Kraftstoffverbrauch	28,8 Ltr. 100 km
Ölverbrauch	0,2 Ltr. 100 km
Kraftstoffvorrat	110 Ltr. in 2 Behälter
Panzerung:	
Aufbau vorne	30 mm
seitlichu. hinten	8 mm
Turm vorne	14,5 mm
seitlich u. hinten	8 mm
Leistungen:	
Steigfähigkeit	22°
Klettert	250 mm
Watet	600 mm
Bewaffnung:	1 MP (192)
Verwendungszweck:	kleiner Panzerfunkwagen

Kleiner Panzerfunkwagen (Sd. Kfz. 261)

Typ: „v"

Herstellungsland: Deutschland
Hersteller:
Eisenwerke Weserhütte, Bad Oeynhausen

Baujahr: 1935-43
Informationsquelle:
D 664/9 vom 8. Juni 1942

Motor: Hersteller, Typ	AU/Horch „3,8 Ltr."
Zyl.-Anzahl, Anordnung	8, V-Form 66°
Bohrung	78 mm
Hub	100 mm
Hubraum	3823 ccm
Verdichtungsverhältnis	6,1:1
Drehzahl	3600
Höchstleistung	90 PS
Leistungsgewicht	17,04 PS/t
Ventilanordnung	hängend
Kurbelwellenlager	5 Gleit-
Vergaser, Anzahl	2 Typ Solex 30 BFLH
Zündfolge	1-8-3-6-4-5-2-7
Anlasser	Bosch EJD 1,8/12
Lichtmaschine	Bosch RKCN 130/12-825
Batterie, Anzahl	1, 12 Volt 75 Ah
Kraftstofförderung	2 Solexpumpen
Kühlung	Wasser
Kupplung	Einscheiben, tr. F & S H 32
Getriebe	AU/Horch „Einheits" Schub-
Anzahl der Gänge	V 5, R 1
Treibende Räder	Allrad
Triebachsenübersetzung	1:6,375
Höchstgeschwindigkeit	85 km/h
Fahrbereich	S = 310/G = 200 km
Vorderachse	Einzelrad
Art der Lenkung	ZF Roß Schnecken-Vierrad-
Wendekreis ⌀	15,0/9,5 m
Federung: vorne/hinten	Schrauben
Schmiersystem	Zentral, Vogel

Bremsanlage Hersteller	A. Teves
Wirkungsweise	hydr.
Bremsart	Innenbacken
Fußbremse wirkt auf	4 Räder
Handbremse wirkt auf	4 Räder
Art der Räder	Stahlblechscheiben
Reifengröße, vorne	210-18 Gelände
Reifengröße, hinten	210-18 Gelände
Spurweite, vorne/hinten	1646 mm
Radstand	2800 mm
Bodenfreiheit	255 mm
Länge über alles	4830 mm
Breite über alles	1990 mm
Höhe über alles	1780 mm
Fahrgestellgewicht	2000 kp
zul. Gesamtgewicht	4300 kp
Nutzlast	600 kp
Sitzplätze	4
Kraftstoffverbrauch	28,2 Ltr. 100 km
Ölverbrauch	0,2 Ltr. 100 km
Kraftstoffvorrat	100 Ltr. in 2 Behältern
Panzerung:	
Wanne vorne	30 mm
	8 mm
Leistungen:	
Steigfähigkeit	22°
Klettert	250 mm
Watet	600 mm
Bewaffnung:	1 MP (192)
Verwendungszweck:	kleiner Panzerfunkwagen

Schwerer Panzerspähwagen (Sd. Kfz. 231)
Schwerer Panzerspähwagen (Fu) (Sd. Kfz. 232)

Typ: „G 31 P"
Fahrgestell des le gl Lkw (o)
Herstellungsland: Deutschland
Hersteller:
Büssing-NAG., Braunschweig

Baujahr: 1933-35
Informationsquelle:
D 640 vom 20. Dezember 1935
Maße in ( ) beziehen sich auf:
Sd. Kfz. 232 mit Antenne
Bemerkungen: 54 Stück hergestellt

Motor: Hersteller, Typ	Büssing-NAG „G"
Zyl.-Anzahl, Anordnung	4, Reihe
Bohrung	98 mm
Hub	130 mm
Hubraum	3922 ccm
Verdichtungsverhältnis	5,3:1
Drehzahl	2000
Höchstleistung	60 PS
Leistungsgewicht	11,3 PS/t
Ventilanordnung	hängend
Kurbelwellenlager	3 Gleit-
Vergaser, Anzahl	1 Typ Solex 40 FVSL
Zündfolge	1-2-4-3
Anlasser	Bosch AJB 1,2/12
Lichtmaschine	Bosch FQA 300/12-600
Batterie, Anzahl	1, 12 Volt 105 Ah
Kraftstofförderung	Pallaspumpe Typ „C"
Kühlung	Wasser
Kupplung	Einscheiben, tr.
Getriebe	Büssing-NAG Umkehrgetriebe
Anzahl der Gänge	V 3, R 2 mit Zusatz
Treibende Räder	4 hinten
Triebachsenübersetzung	1:6,25
Höchstgeschwindigkeit	v = 70/r = 32 km/h
Fahrbereich	250-300 km
Vorderachse	Starrachse
Art der Lenkung	Schraubenspindel- (2 Lenkungen)
Wendekreis ⌀	16,0 m
Federung: vorne/hinten	Halbfedern, längs
Schmiersystem	Hochdruck
Bremsanlage Hersteller	A. Teves
Wirkungsweise	hydr.
Bremsart	Innenbacken
Fußbremse wirkt auf	6 Räder
Handbremse wirkt auf	4 H Räder
Art der Räder	Stahlblechscheiben
Reifengröße, vorne	6,00-20 Niederdruck
Reifengröße, hinten	6,00-20 x 2
Spurweite, vorne/hinten	1550 mm/innen 1370 mm /außen
Radstand	2700 + 950 mm, 1810 mm
Bodenfreiheit	285 mm
Länge über alles	5570 mm
Breite über alles	1820 mm
Höhe über alles	2250 (2870) mm
Fahrgestellgewicht	2350 kp
zul. Gesamtgewicht	5350 kp
Nutzlast	300 kp
Sitzplätze	4
Kraftstoffverbrauch	35 Ltr. 100 km
Ölverbrauch	1 Ltr. 100 km
Kraftstoffvorrat	90 Ltr.
Panzerung:	
Aufbau vorne	14,5 mm
seitlich u. hinten	8 mm
Leistungen:	
Steigfähigkeit	20°
Watet	600 mm
Bewaffnung:	1 2-cm-KwK 30 (200) + 1 MG 13 (1300)
Verwendungszweck:	leichtes Radpanzer-Fahrzeug als a) Panzerspähwagen für Aufklärung, b) gepanzerter Funkwagen

Schwerer Panzerspähwagen (Fu) (Sd. Kfz. 232)

Typ: „G 3 a/P"
Fahrgestell des le gl Lkw (o)
Herstellungsland: Deutschland
Hersteller:
Daimler-Benz AG., Werke Untertürkheim und Marienfelde

Baujahr: 1930-34
Informationsquelle:
D 640 vom 20. Dezember 1935
Maße in ( ) beziehen sich auf:
Sd. Kfz. 232 mit Antenne
Bemerkungen: Für die ersten Panzeraufbauten wurde auch das „G 3" Fgst. verwendet

Motor: Hersteller, Typ	Daimler-Benz „M 09"
Zyl.-Anzahl, Anordnung	6, Reihe
Bohrung	82,5 mm
Hub	115 mm
Hubraum	3663 ccm
Verdichtungsverhältnis	5,45:1
Drehzahl normal/maximal	2700/2900
Höchstleistung	65/68 PS
Leistungsgewicht	12,3 PS/t
Ventilanordnung	stehend
Kurbelwellenlager	7 Bronze Gleit-
Vergaser, Anzahl	1 Typ Zenith-Gelände
Zündfolge	1-5-3-6-2-4
Anlasser	Bosch
Lichtmaschine	Bosch 300 W
Batterie, Anzahl	1, 12 Volt 110 Ah
Kraftstofförderung	Pumpe
Kühlung	Wasser
Kupplung	Einscheiben, tr. F & S P 18 V.M.
Getriebe	DB Umkehrgetriebe bzw. Maybach DSG 40 Vacuum
Anzahl der Gänge	V 4 bzw. 5 mit Zusatz, R 1 bzw. 2
Treibende Räder	4 hinten
Triebachsenübersetzung	1:6,66 Schneckenantrieb
Höchstgeschwindigkeit	v = 70/r = 32 km/h
Fahrbereich	250-300 km
Vorderachse	Starrachse
Art der Lenkung	Schraubenspindel- (2 Lenkungen)
Wendekreis ⌀	14,0 m
Federung: vorne/hinten	Halbfedern, längs
Schmiersystem	DB, Zentral
Bremsanlage Hersteller	A. Teves/Lockheed
Wirkungsweise	hydr.
Bremsart	Innenbacken
Fußbremse wirkt auf	6 Räder
Handbremse wirkt auf	Mittelachse
Art der Räder	Stahlblechscheiben
Reifengröße, vorne	6,00-20 Niederdruck
Reifengröße, hinten	6,00-20 x 2
Spurweite, vorne/hinten	1600 mm innen 1380 mm / außen 1820 mm
Radstand	3000 + 950 mm
Bodenfreiheit	300 mm
Länge über alles	5570 mm
Breite über alles	1820 mm
Höhe über alles	2250 (2870) mm
Fahrgestellgewicht	2700 kp
zul. Gesamtgewicht	5700 kp
Nutzlast	300 kp
Sitzplätze	4
Kraftstoffverbrauch	35 Ltr. 100 km
Ölverbrauch	1 Ltr. 100 km
Kraftstoffvorrat	105 Ltr.
Panzerung:	
Aufbau vorne	14,5 mm
seitlich u. hinten	8 mm
Leistungen:	
Steigfähigkeit	20°
Watet	600 mm
Bewaffnung:	1 2-cm-KwK 30 (200) + 1 MG 13 (1300)
Verwendungszweck:	leichtes Radpanzer-Fahrzeug als a) Panzerspähwagen für Aufklärung, b) gepanzerter Funkwagen

Schwerer Panzerspähwagen (Sd. Kfz. 231)
Schwerer Panzerspähwagen (Fu) (Sd. Kfz. 232)

„M 206/P“
Fahrgestell des le gl Lkw (o)
Herstellungsland: Deutschland
Hersteller:
C. D. Magirus AG., Ulm a. Donau

Baujahr: 1934-35
Informationsquelle:
D 640 vom 20. Dezember 1935
Maße in ( ) beziehen sich auf:
Sd. Kfz. 232 mit Antenne

Motor: Hersteller, Typ	Magirus „S 88“
Zyl.-Anzahl, Anordnung	6, Reihe
Bohrung	88 mm
Hub	125 mm
Hubraum	4562 ccm
Verdichtungsverhältnis	5,8:1
Drehzahl	2200
Höchstleistung	70 PS
Leistungsgewicht	11,6 PS/t
Ventilanordnung	stehend
Kurbelwellenlager	7 Gleit-
Vergaser, Anzahl	1 Typ Solex 40 BFLH
Zündfolge	1-5-3-6-2-4
Anlasser	Bosch BJH 1,4/12
Lichtmaschine	Bosch FQA 300/12
Batterie, Anzahl	1, 12 Volt 105 Ah
Kraftstofförderung	Pumpe
Kühlung	Wasser
Kupplung	Einscheiben, tr.
Getriebe	ZF Umkehrgetriebe
Anzahl der Gänge	V 4, R 1 mit Zusatz
Treibende Räder	4 hinten
Triebachsenübersetzung	1:7,66 Schnecken-
Höchstgeschwindigkeit	v und r 62 km/h
Fahrbereich	250 km
Vorderachse	Starrachse
Art der Lenkung	Schrauben- (2 Lenkungen)
Wendekreis ⌀	13,0 m
Federung: vorne/hinten	Halbfedern, längs
Schmiersystem	Hochdruck
Bremsanlage Hersteller	C. D. Magirus
Wirkungsweise	mech.
Bremsart	Innenbacken
Fußbremse wirkt auf	beide H Achsen
Handbremse wirkt auf	Getriebe
Art der Räder	Stahlblechscheiben
Reifengröße, vorne	6,00-20 Niederdruck
Reifengröße, hinten	6,00-20 x 2
Spurweite, vorne/hinten	1690 mm /innen 1440 mm, außen 1840 mm
Radstand	2500 + 900 mm
Bodenfreiheit	240 mm
Länge über alles	5570 mm
Breite über alles	1820 mm
Höhe über alles	2250 (2870) mm
Fahrgestellgewicht	3000 kp
zul. Gesamtgewicht	6000 kp
Nutzlast	300 kp
Sitzplätze	4
Kraftstoffverbrauch	40 Ltr. 100 km
Ölverbrauch	1 Ltr. 100 km
Kraftstoffvorrat	110 Ltr.
Panzerung:	
Aufbau vorne	14,5 mm
seitlich u. hinten	8 mm
Leistungen:	
Steigfähigkeit	20°
Watet	600 mm
Bewaffnung:	1 2-cm-KwK 30 (200) + 1 MG 13 (1500)
Verwendungszweck:	leichtes Radpanzer-Fahrzeug als a) Panzerspähwagen für Aufklärung b) gepanzerter Funkwagen

Schwerer Panzerspähwagen (8-Rad) (Sd. Kfz. 231)

„GS“

Herstellungsland: Deutschland
Hersteller: F. Schichau, Elbing (Ostpreußen)
Entwicklungsfirma: Deutsche Werke
Fahrgestell: Büssing-NAG

Baujahr: 1935-42
Informationsquelle:
D 687/2 vom 16. November 1942

Motor: Hersteller, Typ	Büssing-NAG „L 8 V“
Zyl.-Anzahl, Anordnung	8, V-Form
Bohrung	107 später 110 mm
Hub	110 mm
Hubraum	7913 später 8363 ccm
Verdichtungsverhältnis	5,5:1
Drehzahl	3000
Höchstleistung	150 PS später 180 PS
Leistungsgewicht	21,7 PS/t
Ventilanordnung	hängend
Kurbelwellenlager	3 Gleit-
Vergaser, Anzahl	2 Typ Solex 48 FNVP *
Zündfolge	1-2-7-3-4-5-6-8
Anlasser	Bosch DZR 2/3 X
Lichtmaschine	Bosch GTLN 600/12-1200
Batterie, Anzahl	2, 12 Volt 90 Ah
Kraftstofförderung	Solexpumpe
Kühlung	Wasser
Kupplung	Zweischeiben, tr. F & S G 230 KM **
Getriebe	Büssing-NAG „GS“ Umkehr
Anzahl der Gänge	V 3, R 3 mit Zusatz
Treibende Räder	Allrad
Triebachsenübersetzung	1:5,2
Höchstgeschwindigkeit	90-100 km/h
Fahrbereich	S = 300/G = 170 km
Vorderachse	Einzelrad-Schwingachse
Art der Lenkung	Spindel-Allradlenkung
Wendekreis ⌀	10,5 m
Federung: vorne/hinten	Halbfedern, längs (Schwingtragfedern)
Schmiersystem	Zentral
Bremsanlage Hersteller	Deutsche Perrot/Büssing
Wirkungsweise	mech.
Bremsart	Innenbacken
Fußbremse wirkt auf	8 Räder
Handbremse wirkt auf	8 Räder
Art der Räder	Stahlblechscheiben
Reifengröße, vorne	210-18 Gelände
Reifengröße, hinten	210-18 Gelände
Spurweite, vorne/hinten	1600 mm
Radstand	1350 + 1400 + 1350 mm
Bodenfreiheit	270 mm
Länge über alles	5850 mm
Breite über alles	2200 mm
Höhe über alles	2350 mm
Feuerhöhe	2080 mm
Fahrgestellgewicht	4120 kp
zul. Gesamtgewicht	8300 kp
Nutzlast	850 kp
Sitzplätze	4
Kraftstoffverbrauch	45-50 Ltr. 100 km
Ölverbrauch	0,5 Ltr. 100 km
Kraftstoffvorrat	118 + 32 = 150 Ltr.
Panzerung:	
Aufbau vorne	10-14,5 mm
seitlich u. hinten	8 mm
Turm vorne	10-14,5 mm
seitlich u. hinten	8 mm
Leistungen:	
Steigfähigkeit	30°
Klettert	500 mm
Watet	1000 mm
Überschreitet	1240 mm
Bewaffnung:	1 2-cm-KwK 30 (180) + 1 MG 34 (2100)
Verwendungszweck:	schweres Panzer-Aufklärungsfahrzeug

*) später 2 Stück Solex 40 MMOVS
**) später F & S Kupplung G 238 KHM

Schwerer Panzerspähwagen (Fu) (8-Rad) (Sd. Kfz. 232)

Fahrgestell der Fa. Büssing-NAG
Herstellungsland: Deutschland
Hersteller:
Deutsche Werke AG., Kiel (Montage)

Baujahr: 1935-42
Informationsquelle:
D 687/2 vom 16. November 1942

Motor: Hersteller, Typ	Büssing-NAG „L 8 V"	*Bremsart*	Innenbacken
Zyl.-Anzahl, Anordnung	8, V-Form	*Fußbremse wirkt auf*	8 Räder
Bohrung	110 mm	*Handbremse wirkt auf*	8 Räder
Hub	110 mm	*Art der Räder*	Stahlblechscheiben
Hubraum	8363 ccm	*Reifengröße, vorne*	210-18 Gelände
Verdichtungsverhältnis	5,5:1	*Reifengröße, hinten*	210-18 Gelände
Drehzahl	3000	*Spurweite, vorne/hinten*	1600 mm
Höchstleistung	180 PS	*Radstand*	1350 + 1400 + 1350 mm
Leistungsgewicht	21,17 PS/t	*Bodenfreiheit*	270 mm
Ventilanordnung	hängend	*Länge über alles*	5850 mm
Kurbelwellenlager	3 Gleit-	*Breite über alles*	2200 mm
Vergaser, Anzahl	2 Typ Solex 40 MMOVS	*Höhe über alles*	2900 mm, später 2350 mm
Zündfolge	1-2-7-3-4-5-6-8	*Feuerhöhe*	2080 mm
Anlasser	Bosch DZR 2/3 X	*Fahrgestellgewicht*	4120 kp
Lichtmaschine	Bosch GTLN 600/12-1200	*zul. Gesamtgewicht*	8500, später bis 9100 kp
Batterie, Anzahl	2, 12 Volt 90 Ah	*Nutzlast*	850 kp
Kraftstofförderung	Solexpumpe	*Sitzplätze*	4
Kühlung	Wasser	*Kraftstoffverbrauch*	45-50 Ltr. 100 km
Kupplung	Zweischeiben, tr. F & S	*Ölverbrauch*	0,5 Ltr. 100 km
	G 238 KHM	*Kraftstoffvorrat*	118 + 32 = 150 Ltr.
Getriebe	Büssing-NAG „GS"	*Panzerung:*	
Anzahl der Gänge	Umkehr	*Aufbau vorne*	14,5-30 mm
	V 3, R 3 mit Zusatz-	*seitlich u. hinten*	8 mm
Treibende Räder	Allrad	*Turm vorne*	bis 30 mm
Triebachsenübersetzung	1:5,2	*seitlich u. hinten*	10 mm
Höchstgeschwindigkeit	90 km/h	*Leistungen:*	
Fahrbereich	S = 300/G = 170 km	*Steigfähigkeit*	30°
Vorderachse	Einzelrad-Schwingachse	*Klettert*	500 mm
Art der Lenkung	Spindel, Allradlenkung	*Watet*	1000 mm
Wendekreis ⌀	10,5 m	*Überschreitet*	1240 mm
Federung: vorne/hinten	Halbfedern, längs	*Bewaffnung:*	1 2-cm-KwK 38 (180)
	(Schwingtragfedern)		+ 1 MG 34 (1500)
Schmiersystem	Zentral	*Verwendungszweck:*	schwerer Standard-Panzer-
Bremsanlage Hersteller	Deutsche Perrot/Büssing		funkwagen
Wirkungsweise	mech.		

Schwerer Panzerspähwagen (7,5-cm-Kan.) (Sd. Kfz. 233)

„GS“

Herstellungsland: Deutschland

Hersteller:
Büssing-NAG, Vereinigte Nutzkraftwagen AG.,
Werk Leipzig-Wahren

Baujahr: 1939-42

Informationsquelle:
D 687/2 vom 16. November 1942

Motor: Hersteller, Typ	Büssing-NAG „L8V“
Zyl.-Anzahl, Anordnung	8, V-Form
Bohrung	107 mm
Hub	110 mm
Hubraum	7913 ccm
Verdichtungsverhältnis	5,5:1
Drehzahl	3000
Höchstleistung	150/später 180 PS
Leistungsgewicht	20 PS/t
Ventilanordnung	hängend
Kurbelwellenlager	3 Gleit-
Vergaser, Anzahl	2 Typ Solex 40 MMOVS
Zündfolge	1-2-7-3-4-5-6-8
Anlasser	Bosch DZR 2/3 X
Lichtmaschine	Bosch GTLN 600/12-1200
Batterie, Anzahl	2, 12 Volt 90 Ah
Kraftstofförderung	Solexpumpe
Kühlung	Wasser
Kupplung	Zweischeiben, tr. F & S G 230 KM
Getriebe	Büssing-NAG „GS“ Umkehr-
Anzahl der Gänge	V 3, R 3 mit Zusatz-
Treibende Räder	Allrad
Triebachsenübersetzung	1:5,2
Höchstgeschwindigkeit	85 km/h
Fahrbereich	S = 300/G = 150 km
Vorderachse	Einzelrad-Schwingachse
Art der Lenkung	Spindel, Allradlenkung
Wendekreis ⌀	10,5 m
Federung: vorne/hinten	Halbfedern, längs als Schwingtragfedern
Schmiersystem	Zentral
Bremsanlage Hersteller	Deutsche Perrot/Büssing
Wirkungsweise	mech.
Bremsart	Innenbacken
Fußbremse wirkt auf	8 Räder
Handbremse wirkt auf	8 Räder
Art der Räder	Stahlblechscheiben
Reifengröße, vorne	210-18 Gelände
Reifengröße, hinten	210-18 Gelände
Spurweite, vorne/hinten	1600 mm
Radstand	1350 + 1400 + 1350 mm
Bodenfreiheit	270 mm
Länge über alles	5850 mm
Breite über alles	2200 mm
Höhe über alles	2250 mm
Feuerhöhe	1850 mm
Fahrgestellgewicht	4120 kp
zul. Gesamtgewicht	8580 kp
Nutzlast	1000 kp
Sitzplätze	3
Kraftstoffverbrauch	45-50 Ltr. 100 km
Ölverbrauch	0,5 Ltr. 100 km
Kraftstoffvorrat	150 Ltr. in 2 Behälter
Panzerung:	
Aufbau vorne	14,5 mm
seitlich u. hinten	8 mm
Leistungen:	
Steigfähigkeit	30°
Klettert	500 mm
Watet	500 mm
Überschreitet	1240 mm
Bewaffnung:	1 7,5-cm-StuK L/24 (32) + 1 MG 42 (lose) (1500)
Verwendungszweck:	schweres Unterstützungsfahrzeug für Panzer-Aufklärungs-Einheiten

Schwerer Panzerfunkwagen (8-Rad) (Sd. Kfz. 263)

„GS“

Herstellungsland: Deutschland	*Baujahr:* 1938-42
Hersteller:	*Informationsquelle:*
Deutsche Werke AG., Kiel (Montage)	D 687/2 vom 16. November 1942

		Schmiersystem	Zentral
Motor: Hersteller, Typ	Büssing-NAG „L8V“	*Bremsanlage Hersteller*	Deutsche Perrot/Büssing
Zyl.-Anzahl, Anordnung	8, VForm	*Wirkungsweise*	mech.
Bohrung	110 mm	*Bremsart*	Innenbacken
Hub	110 mm	*Fußbremse wirkt auf*	8 Räder
Hubraum	8363 ccm	*Handbremse wirkt auf*	8 Räder
Verdichtungsverhältnis	5,5:1	*Art der Räder*	Stahlblechscheiben
Drehzahl	3000	*Reifengröße, vorne*	210-18 Gelände
Höchstleistung	180 PS	*Reifengröße, hinten*	210-18 Gelände
Leistungsgewicht	22,22 PS/t	*Spurweite, vorne/hinten*	1600 mm
Ventilanordnung	hängend	*Radstand*	1350 + 1400 + 1350 mm
Kurbelwellenlager	3 Gleit-	*Bodenfreiheit*	270 mm
Vergaser, Anzahl	2 Typ Solex 40 MMOVS	*Länge über alles*	5850 mm
Zündfolge	1-2-7-3-4-5-6-8	*Breite über alles*	2200 mm
Anlasser	Bosch DZR 2/3 X	*Höhe über alles*	2900 mm
Lichtmaschine	Bosch 600/12-1200	*Feuerhöhe*	1880 mm
Batterie, Anzahl	2, 12 Volt 90 Ah	*Fahrgestellgewicht*	4120 kp
Kraftstofförderung	Solexpumpe	*zul. Gesamtgewicht*	bis 8680 kp
Kühlung	Wasser	*Nutzlast*	850 kp
Kupplung	Zweischeiben, tr. F & S	*Sitzplätze*	5
	G 238 KHM	*Kraftstoffverbrauch*	45-50 Ltr. 100 km
Getriebe	Büssing-NAG „GS“	*Ölverbrauch*	0,5 Ltr. 100 km
Anzahl der Gänge	Umkehr	*Kraftstoffvorrat*	118 + 32 = 150 Ltr.
	V 3, R 3 mit Zusatz	*Panzerung:*	
Treibende Räder	Allrad	*Aufbau vorne*	10-14,5 mm
Triebachsenübersetzung	1:5,2	*seitlich u. hinten*	8 mm
Höchstgeschwindigkeit	90 km/h	*Leistungen:*	
Fahrbereich	S = 300/G = 170 km	*Steigfähigkeit*	30°
Vorderachse	Einzelrad-Schwingachse	*Klettert*	500 mm
Art der Lenkung	Spindel-Allradlenkung	*Watet*	1000 mm
Wendekreis ⌀	10,5 m	*Überschreitet*	1240 mm
Federung: vorne/hinten	Halbfedern, längs	*Bewaffnung:*	1 MG 34 (1050)
	(Schwingtragfedern)	*Verwendungszweck:*	schwerer Panzerfunkwagen

Panzerspähwagen (2 cm) (Sd. Kfz. 234/1)
„ARK“

Herstellungsland: Deutschland
Hersteller:
Büssing-NAG, Vereinigte Nutzkraftwagen AG.,
Werk Leipzig-Wahren

Baujahr: 1943-45
Informationsquelle:
Handbuch WaA, Blatt G 374 IV

Motor: Hersteller, Typ	Tatra „103“
Zyl.-Anzahl, Anordnung	12, V-Form
Bohrung	110 mm
Hub	130 mm
Hubraum	14 825 ccm
Verdichtungsverhältnis	16,5:1
Drehzahl	2200
Höchstleistung	210 PS
Leistungsgewicht	21 PS/t
Ventilanordnung	hängend
Kurbelwellenlager	7 Gleit-
Einspritzpumpe, Anzahl	2 Typ Bosch PE 6 A
Zündfolge	1-8-5-10-3-7-6-11-2-9-4-12
Anlasser	2 x Bosch BPD 6/24
Lichtmaschine	Bosch GTLN 700/12-1300 u. a.
Batterie, Anzahl	2, 12 Volt 120 Ah
Kraftstofförderung	Pumpen
Kühlung	Luft, Gebläse
Kupplung	Mehrscheiben, tr. F & S LA 2/50 MG
Getriebe	Büssing-NAG „GS“
Anzahl der Gänge	V 3, R 3 mit Zusatz-
Treibende Räder	Allrad
Triebachsenübersetzung	1:5,7
Höchstgeschwindigkeit	90 km/h
Fahrbereich	S = 1000/G = 600 km
Vorderachse	Einzelrad-Schwingachse
Art der Lenkung	Spindel, Allrad-
Wendekreis ⌀	14,9 m
Federung: vorne/hinten	Halbfedern, längs
Schmiersystem	zentrale Schmierbatterie
Bremsanlage Hersteller	Knorr
Wirkungsweise	Druckluft
Bremsart	Innenbacken
Fußbremse wirkt auf	8 Räder
Handbremse wirkt auf	8 Räder
Art der Räder	Stahlblechscheiben
Reifengröße, vorne	270-20
Reifengröße, hinten	270-20
Spurweite, vorne/hinten	1950 mm
Radstand	1300 + 1400 + 1300 mm
Bodenfreiheit	350 mm
Länge über alles	5860 mm
Breite über alles	2330 mm
Höhe über alles	2100 mm
Fahrgestellgewicht	selbsttragend
zul. Gesamtgewicht	11 500 kp
Nutzlast	2000 kp
Sitzplätze	4
Kraftstoffverbrauch	S = 40/G = 60 Ltr. 100 km
Ölverbrauch	je nach Einsatz
Kraftstoffvorrat	360 Ltr.
Panzerung:	
Aufbau vorne	30 mm
seitlich	8 mm
hinten	10 mm
Turm vorne	30 mm
seitlich u. hinten	14,5 mm
Leistungen:	
Steigfähigkeit	30°
Watet	1200 mm
Überschreitet	2000 mm
Bewaffnung:	1 2-cm-KwK 38 (250)
Verwendungszweck:	schwerer Standard-Panzerspähwagen

Panzerspähwagen (5-cm-KwK-39) (Sd. Kfz. 234/2)

Typ „ARK“

Herstellungsland: Deutschland

Hersteller:
Büssing-NAG, Vereinigte Nutzkraftwagen AG., Werk Leipzig-Wahren

Baujahr: 1943-45

Informationsquelle:
Handbuch WaA, Blatt G 374 III

Motor: Hersteller, Typ	Tatra „103“
Zyl.-Anzahl, Anordnung	12, V-Form
Bohrung	110 mm
Hub	130 mm
Hubraum	14 825 ccm
Verdichtungsverhältnis	16,5:1
Drehzahl	2200
Höchstleistung	210 PS
Leistungsgewicht	17,1 PS/t
Ventilanordnung	hängend
Kurbelwellenlager	7 Gleit-
Einspritzpumpe, Anzahl	2 Typ Bosch PE 6 A
Zündfolge	1-8-5-10-3-7-6-11-2-9-4-12
Anlasser	2 x Bosch BPD 6/24
Lichtmaschine	Bosch GTLN 700/12-1300
Batterie, Anzahl	2, 12 Volt 120 Ah
Kraftstofförderung	Pumpen
Kühlung	Luft, Gebläse
Kupplung	Mehrscheiben, tr. F & S LA 2/50 MG
Getriebe	Büssing-NAG „GS“
Anzahl der Gänge	V 3, R 3 mit Zusatz
Treibende Räder	Allrad
Triebachsenübersetzung	1:5,7
Höchstgeschwindigkeit	90 km/h
Fahrbereich	S = 1000/G = 600 km
Vorderachse	Einzelrad, Allradlenkung
Art der Lenkung	Spindel-
Wendekreis Φ	14,9 m
Federung: vorne/hinten	Halbfedern, längs
Schmiersystem	zentr. Schmierbatterien
Bremsanlage Hersteller	Knorr
Wirkungsweise	Druckluft
Bremsart	Innenbacken
Fußbremse wirkt auf	8 Räder
Handbremse wirkt auf	8 Räder
Art der Räder	Stahlblechscheiben
Reifengröße, vorne	270-20
Reifengröße, hinten	270-20
Spurweite, vorne/hinten	1950 mm
Radstand	1300 + 1400 + 1300 mm
Bodenfreiheit	350 mm
Länge über alles	6800 mm
Breite über alles	2330 mm
Höhe über alles	2380 mm
Feuerhöhe	1930 mm
Fahrgestellgewicht	selbsttragend
zul. Gesamtgewicht	11 740 kp
Nutzlast	4000 kp
Sitzplätze	4
Kraftstoffverbrauch	S = 40/G = 60 Ltr. 100 km
Ölverbrauch	je nach Einsatz
Kraftstoffvorrat	360 Ltr.
Panzerung:	
Aufbau vorne	30 mm
seitlich	8 mm
hinten	10 mm
Turm vorne	30 mm
seitlich u. hinten	14,5 mm
Leistungen:	
Steigfähigkeit	30°
Watet	1200 mm
Überschreitet	2000 mm
Bewaffnung:	1 5-cm-KwK 39/1 L/60 (55) + 1 MG 42 (2850)
Verwendungszweck:	schwerer Standard-Panzerspähwagen

Panzerspähwagen (7,5 cm) (Sd. Kfz. 234/3)

Typ: „ARK“

Herstellungsland: Deutschland
Hersteller:
Büssing-NAG, Vereinigte Nutzkraftwagen AG.,
Werk Leipzig-Wahren

Baujahr: 1944-45
Informationsquelle:
Handbuch WaA., Blatt G 374 v

Motor: Hersteller, Typ	Tatra „103“
Zyl.-Anzahl, Anordnung	12, V-Form
Bohrung	110 mm
Hub	130 mm
Hubraum	14825 ccm
Verdichtungsverhältnis	16,5:1
Drehzahl	2200
Höchstleistung	210 PS
Leistungsgewicht	17,2 PS/t
Ventilanordnung	hängend
Kurbelwellenlager	7 Gleit-
Einspritzpumpe, Anzahl	2 Typ Bosch PE 6 A
Zündfolge	1-8-5-10-3-7-6-11-2-9-4-12
Anlasser	Bosch BPD 6/24 (2 Stück)
Lichtmaschine	Bosch GTLN 700/12-1300
Batterie, Anzahl	2, 12 Volt 120 Ah
Kraftstofförderung	Pumpen
Kühlung	Luft, Gebläse
Kupplung	Mehrscheiben, tr. F & S LA 2/50 MG
Getriebe	Büssing-NAG „GS“ Umkehr-
Anzahl der Gänge	V 3, R 3 mit Zusatz-
Treibende Räder	Allrad
Triebachsenübersetzung	1:5,7
Höchstgeschwindigkeit	90 km/h
Fahrbereich	S = 1000/G = 600 km
Vorderachse	Einzelrad, Schwingachse
Art der Lenkung	Spindel-, Allrad-
Wendekreis ⌀	14,9 m
Federung: vorne/hinten	Halbfedern, längs (Schwingtragfedern)
Schmiersystem	zentr. Schmierbatterie
Bremsanlage Hersteller	Knorr
Wirkungsweise	Druckluft
Bremsart	Innenbacken
Fußbremse wirkt auf	8 Räder
Handbremse wirkt auf	8 Räder
Art der Räder	Stahlblechscheiben
Reifengröße, vorne	270-20
Reifengröße, hinten	270-20
Spurweite, vorne/hinten	1950 mm
Radstand	1300 + 1400 + 1300 mm
Bodenfreiheit	350 mm
Länge über alles	5860 mm
Breite über alles	2330 mm
Höhe über alles	2213 mm
Fahrgestellgewicht	selbsttragend
zul. Gesamtgewicht	11 500 mm
Nutzlast	4000 mm
Sitzplätze	4
Kraftstoffverbrauch	S = 40/G = 60 Ltr. 100 km
Ölverbrauch	je nach Einsatz
Kraftstoffvorrat	360 Ltr.
Panzerung:	
Aufbau vorne	30 mm
seitlich	8 mm
hinten	10 mm
Turm vorne u. seitlich	14,5 mm
hinten	10 mm
Leistungen:	
Steigfähigkeit	30°
Watet	1200 mm
Überschreitet	2000 mm
Bewaffnung:	1 7,5-cm-K 51 L/24 + 1 MG 42 (1950)
Verwendungszweck:	schwerer Unterstützungs-Panzerspähwagen
Ähnlich:	Panzerspähwagen 7,5-cm-Pak 40 L/46

Schwerer, geländegängiger, gepanzerter Personenkraftwagen (Sd. Kfz. 247) Ausf. A
Typ: „L 2 H 143"
Herstellungsland: Deutschland
Hersteller:
Daimler-Benz AG., Werk Berlin-Marienfelde (Entwicklung und Montage) *

Baujahr: 1937-38
Informationsquelle:
D 600, Blatt 53 vom 6. Juli 1943

Motor: Hersteller, Typ	Krupp „M 304"
Zyl.-Anzahl, Anordnung	4, Boxer
Bohrung	90 mm
Hub	130 mm
Hubraum	3308 ccm
Verdichtungsverhältnis	4,95:1
Drehzahl	2500
Höchstleistung	52 PS
Leistungsgewicht	10 PS/t
Ventilanordnung	hängend
Kurbelwellenlager	2 Gleit-
Vergaser, Anzahl	1 Typ Solex 40 BFLH
Zündfolge	1-3-2-4
Anlasser	Siemens-Schuckert Lichtanlasser LAK 300/90
Lichtmaschine	siehe Anlasser
Batterie, Anzahl	1, 12 Volt 75 Ah
Kraftstofförderung	Pumpe
Kühlung	Luft, Gebläse
Kupplung	Einscheiben, tr.
Getriebe	ZF Aphon Gb 35 bL + GG 35
Anzahl der Gänge	V 4, R 1 mit Zusatz-
Treibende Räder	4 hinten
Triebachsenübersetzung	1:5,25
Höchstgeschwindigkeit	70 km/h
Fahrbereich	S = 350/G = 220 km
Vorderachse	Starrachse
Art der Lenkung	Schnecken-
Wendekreis ⌀	13,5 m
Federung: vorne/hinten	Halbfedern, längs Schrauben
Schmiersystem	Hochdruck
Bremsanlage Hersteller	ATE-Lockheed
Wirkungsweise	hydr.
Bremsart	Innenbacken
Fußbremse wirkt auf	6 Räder
Handbremse wirkt auf	Getriebe
Art der Räder	Stahlblechscheiben
Reifengröße, vorne	7,50-17 extra
Reifengröße, hinten	7,50-17 extra
Spurweite, vorne/hinten	1580/1565 mm
Radstand	2445 + 910 mm
Bodenfreiheit	255 mm
Länge über alles	4600 mm
Breite über alles	1960 mm
Höhe über alles	1700 mm
Fahrgestellgewicht	1700 kp
zul. Gesamtgewicht	5200 kp
Nutzlast	600 kp
Sitzplätze	6
Kraftstoffverbrauch	25 Ltr. 100 km
Ölverbrauch	0,6 Ltr. 100 km
Kraftstoffvorrat	110 Ltr.
Panzerung:	
Aufbau	8 mm rundum
Leistungen:	
Steigfähigkeit	20°
Watet	600 mm
Verwendungszweck:	gepanzertes Stabsfahrzeug
Ähnlich:	Panzerfahrzeug für Export- und Polizeizwecke

*) Fahrgestell der Fa. Krupp AG.

Schwerer, geländegängiger, gepanzerter Personenkraftwagen (Sd. Kfz. 247) Ausführung B

Typ: „1 c"
Herstellungsland: Deutschland
Zwickau i. Sa.
Fahrgestell der Fa. Auto-Union AG., Werk Horch,
Hersteller:
Daimler-Benz AG., Werk Berlin-Marienfelde
(Entwicklung und Montage)
Baujahr: 1938-42
Informationsquelle:
D 664/4 und 600, Blatt 252 a vom 10. 4. 1940
Bemerkungen: ab Fahrgestell Nr. 140 001

Motor: Hersteller, Typ	Auto-Union „V8-108"
Zyl.-Anzahl, Anordnung	8, V-Form 66°
Bohrung	78 mm
Hub	100 mm
Hubraum	3823 ccm
Verdichtungsverhältnis	5,8:1
Drehzahl	3600
Höchstleistung	81 PS
Leistungsgewicht	18 PS/t
Ventilanordnung	hängend
Kurbelwellenlager	5 Gleit-
Vergaser, Anzahl	2 Typ Solex 30 BFR
Zündfolge	1-8-3-6-4-5-2-7
Anlasser	Bosch EJD 1,8/12 R 4
Lichtmaschine	Bosch GTL 600/12-1200 RS 103
Batterie, Anzahl	1, 12 Volt 75 Ah
Kraftstofförderung	Pumpe
Kühlung	Wasser
Kupplung	Einscheiben, tr. F & S Pf 24 KM
Getriebe	AU/Horch „Einheits" Schub-
Anzahl der Gänge	V 5, R 1
Treibende Räder	Allrad
Triebachsenübersetzung	1:6,571
Höchstgeschwindigkeit	80 km/h
Fahrbereich	S = 400/G = 270
Vorderachse	Einzelrad
Art der Lenkung	ZF Roß, Modell 700 L-70154 RL
Wendekreis ⌀	15,6 m

Federung: vorne/hinten	Schrauben an Querlenkern
Schmiersystem	Zentral
Bremsanlage Hersteller	A. Teves/Auto-Union
Wirkungsweise	hydr.
Bremsart	Innenbacken
Fußbremse wirkt auf	4 Räder
Handbremse wirkt auf	4 Räder
Art der Räder	Stahlblechscheiben
Reifengröße, vorne	210-18 Gelände
Reifengröße, hinten	210-18 Gelände
Spurweite, vorne/hinten	1646 mm
Radstand	3000 mm
Bodenfreiheit	250 mm
Länge über alles	5000 mm
Breite über alles	2000 mm
Höhe über alles	1800 mm
Fahrgestellgewicht	2000 kp
zul. Gesamtgewicht	4460 kp
Nutzlast	1200 kp
Sitzplätze	6
Kraftstoffverbrauch	29 Ltr. 100 km
Ölverbrauch	0,2 Ltr. 100 km
Kraftstoffvorrat	120 Ltr.
Panzerung:	
Aufbau	8 mm rundum
Leistungen:	
Steigfähigkeit	21°
Klettert	250 mm
Watet	600 mm
Bewaffnung:	1 MP 38 (192) (lose)
Verwendungszweck:	gepanzertes Stabsfahrzeug

Panzerwagen ADGZ

Typ: „ADGZ“

Herstellungsland: Österreich
Hersteller:
Steyr-Daimler-Puch AG., Werk Steyr

Baujahr: 1935-37 und 1942
Prototypen seit 1931 bei Austro-Daimler in Wiener-Neustadt in Entwicklung
Informationsquelle:
Steyr-Daimler-Puch-Beschreibung 1940
Bemerkungen: Insgesamt 52 Sück bei Steyr hergestellt, davon 25 Stück in 1942

Motor: Hersteller, Typ	Austro-Daimler „M 612“
Zyl.-Anzahl, Anordnung	6, Reihe
Bohrung	130 mm
Hub	150 mm
Hubraum	11 946 ccm
Verdichtungsverhältnis	5,77:1
Drehzahl	1800
Höchstleistung	150 PS
Leistungsgewicht	12,5 PS/t
Ventilanordnung	stehend
Kurbelwellenlager	7 Bronze-
Vergaser, Anzahl	2 Typ Pallas SAG 6
Zündfolge	1-5-3-6-2-4
Anlasser	Siemens Licht-Anlaßmaschine LAn 1200 kV/24
Lichtmaschine	siehe Anlasser
Batterie, Anzahl	2, 12 Volt 150 Ah
Kraftstofförderung	AC Pumpe
Kühlung	Wasser
Kupplung	hydr. Wandler
Getriebe	Austro-Voith „JDL 5,4 m 2“ Turbo-
Anzahl der Gänge	V 3, R 3 mit Zusatz-
Treibende Räder	4 Mitte
Triebachsenübersetzung	1:5,2
Höchstgeschwindigkeit	70 km/h
Fahrbereich	450 km
Vorderachse	Lenkachsen – Rohr-/Mittelachsen – Schwingachsen
Art der Lenkung	Schnecken-, Umkehrlenkung 2 Stück
Wendekreis ⌀	14,0 m
Federung: vorne/hinten	Lenkachsen – Halbfedern, quer, Mittelachsen – Halbfedern, längs

Schmiersystem	Bowen Zentral
Bremsanlage Hersteller	Lockheed/ATE
Wirkungsweise	hydr.
Bremsart	Innenbacken
Fußbremse wirkt auf	8 Räder
Handbremse wirkt auf	Getriebe
Art der Räder	Stahlblechscheiben
Reifengröße, vorne	8,25-20 extra
Reifengröße, hinten	8,25 – 20 Mitte x 2
Spurweite, vorne/hinten	1450/1950/1450 mm
Radstand	1850 + 1050 + 1850 mm
Bodenfreiheit	275 mm
Länge über alles	6260 mm
Breite über alles	2160 mm
Höhe über alles	2564 mm
Fahrgestellgewicht	7500 kp
zul. Gesamtgewicht	12 000 kp
Nutzlast	1000 kp
Sitzplätze	4-6
Kraftstoffverbrauch	90 Ltr. 100 km
Ölverbrauch	2 Ltr. 100 km
Kraftstoffvorrat	50 + 50 + 50 + 50 = 200 Ltr.
Panzerung:	
Aufbau	11 mm rundum
Leistungen:	
Steigfähigkeit	54 %
Watet	1000 mm
Bewaffnung:	1 2-cm-KwK 35 L/45 + 2-3 MG
Verwendungszweck:	gepanzertes Fahrzeug für Militär- und Polizeizwecke

Panzerwagen ADSK

Typ: „ADSK“

Herstellungsland: Österreich
Hersteller:
Steyr-Daimler-Puch AG., Werk Steyr

Baujahr: 1937-38
Informationsquelle:
Zeichnungs-Nr. E 11200 A vom 2. 11. 36
Maße in ( ) beziehen sich auf:
Ersten Prototyp
Bemerkungen: Sechs Stück gebaut

Motor: Hersteller, Typ	Austro-Daimler „L 43“
Zyl.-Anzahl, Anordnung	4, Reihe
Bohrung	98 mm
Hub	120 mm
Hubraum	3620,5 ccm
Verdichtungsverhältnis	5:1
Drehzahl	2500
Höchstleistung	60 PS
Leistungsgewicht	18,7 PS/t
Ventilanordnung	hängend
Kurbelwellenlager	5 Gleit-
Vergaser, Anzahl	1 Typ Vertikal-
Zündfolge	1-3-4-2
Anlasser	12 V
Lichtmaschine	12 V/100 W
Batterie, Anzahl	1, 12 Vol 105 Ah
Kraftstofförderung	Pumpe „AC-PE 695“
Kühlung	Luft, Gebläse
Kupplung	Einscheiben, tr. „W.C. Lipe 12“
Getriebe	Austro-Daimler Schub-
Anzahl der Gänge	V 4, R 1 mit Zusatz-
Treibende Räder	Allrad
Triebachsenübersetzung	1:5,714
Höchstgeschwindigkeit	75 km/h
Fahrbereich	
Vorderachse	Schwingachse
Art der Lenkung	Schnecken-
Wendekreis ⌀	
Federung: vorne/hinten	Blattfedern, quer
Schmiersystem	Zentral
Bremsanlage Hersteller	Steyr-Daimler-Puch
Wirkungsweise	hydr.
Bremsart	Innenbacken
Fußbremse wirkt auf	4 Räder
Handbremse wirkt auf	Antriebswelle
Art der Räder	Stahlblechscheiben
Reifengröße, vorne	10,50-16
Reifengröße, hinten	10,50-16
Spurweite, vorne/hinten	1475 (1410) mm
Radstand	2250 (2000) mm
Bodenfreiheit	300 mm
Länge über alles	3720 (3700) mm
Breite über alles	1950 (1650) mm
Höhe über alles	1700 (1570) mm
Fahrgestellgewicht	1900 kp
zul. Gesamtgewicht	3200 kp
Nutzlast	je nach Verwendung
Sitzplätze	4+1
Kraftstoffverbrauch	25 Ltr. 100 km
Ölverbrauch	je nach Einsatz
Kraftstoffvorrat	70 Ltr.
Panzerung:	
Aufbau	4-7 mm
Leistungen:	
Steigfähigkeit	45°
Watet	800 mm
Bewaffnung:	2 le MG (1000)
Verwendungszweck:	Mit diesem Fahrzeug sollten die 4. Kompanien der Panzerbataillone des österreichischen Bundesheeres ausgerüstet werden

Mittlerer, gepanzerter Beobachtungs-Kraftwagen auf Räder-Ketten-Fahrgestell RK 7 (Sd. Kfz. 254)
Typ: „RR 7/2"
Herstellungsland: Österreich
Hersteller:
Österreichische Saurer-Werke AG., Wien XI

Baujahr: 1937-40
Versuchsbau ab 1936
Informationsquelle:
D 684/1 vom 8. Juli 1940
Maße in ( ) beziehen sich auf:
Ungepanzerter Instandsetzungskraftwagen
Bemerkungen: 140 Stück hergestellt

Motor: Hersteller, Typ	Saurer „CRDv"
Zyl.-Anzahl, Anordnung	4, Reihe
Bohrung	110 mm
Hub	140 mm
Hubraum	5320 ccm
Verdichtungsverhältnis	16:1
Drehzahl	2000
Höchstleistung	70 PS
Leistungsgewicht	19 PS/t
Ventilanordnung	hängend
Kurbelwellenlager	5 Gleit-
Einspritzpumpe, Anzahl	1 Typ Bosch PE 4 B
Zündfolge	1-3-4-2
Anlasser	Bosch BNG 4/24 ALS 21
Lichtmaschine	Bosch GTL 600/12-1200
Batterie, Anzahl	4, 6 Volt 87,5 Ah
Kraftstofförderung	Pumpe
Kühlung	Wasser
Kupplung	Einscheiben, tr.
Getriebe	Saurer Schub-1C
Anzahl der Gänge	V 5, R 1 mit Zusatz-
Treibende Räder	vorne
Triebachsenübersetzung	1:5,9 Kette 1:17
Höchstgeschwindigkeit	Räder 75/Kette 20 km/h
Fahrbereich	Räder, S = 500/Kette, G = 90 km
Vorderachse	Einzelrad
Art der Lenkung	mech. Roß-/Kette Differential
Wendekreis ⌀	R = 15/K 8,5 m Umstellung von Räder- auf Kettenfahrt konnte bei geringer Geschwindigkeit erfolgen.
Federung: vorne/hinten	Kette = Schrauben Räder = Schwingachse mit Stabfederung (vorne) Starrachse mit Stabfederung (hinten)
Schmiersystem	Hochdruck
Bremsanlage Hersteller	Saurer
Wirkungsweise	hydr.
Bremsart	Innenbacken
Fußbremse wirkt auf	4 Räder
Handbremse wirkt auf	4 Räder
Art der Räder	Stahlblechscheiben
Reifengröße, vorne	8,25-20
Reifengröße, hinten	8,25-20
Spurweite, vorne/hinten	2000/1770 mm Kette 1260 mm
Radstand	2400 mm
Kettenauflage	2390 mm
Kettenbreite	240 mm
Bodenfreiheit	300 mm, Räder/ 240 mm, Ketten
Länge über alles	4385 mm
Breite über alles	2200 mm
Höhe über alles	2020 (2200) mm
Bodendruck	
Fahrgestellgewicht	3600 kp
zul. Gesamtgewicht	6000 kp
Nutzlast	2000 kp
Sitzplätze	4 (6)
Kraftstoffverbrauch	Räder, S = 17/Kette, G = 14 80 Ltr. auf 100 km
Ölverbrauch	je nach Einsatz 0,3
Kraftstoffvorrat	85 Ltr.
Panzerung:	
Aufbau vorne	14,5 mm
seitlich u. hinten	10 mm
Leistungen:	
Steigfähigkeit	42°
Klettert	950 mm
Watet	900 mm / K 750 mm
Überschreitet	2100 mm
Bewaffnung:	je nach Verwendung
Verwendungszweck:	gepanzertes Beobachtungsfahrzeug für Panzer-Artillerie-Einheiten
Ähnlich:	ungepanzerter Instandsetzungs-Kraftwagen

Panzerwagen ADKZ
Typ: „ADKZ"

Herstellungsland: Österreich
Hersteller:
Steyr-Daimler-Puch AG., Werk Steyr

Baujahr: 1937
Informationsquelle:
Steyr – Beschreibung vom 6. 10. 1938
Bemerkungen: nur ein Stück hergestellt

Motor: Hersteller, Typ	Austro-Daimler „M 650"
Zyl.-Anzahl, Anordnung	6, Reihe
Bohrung	96 mm
Hub	115 mm
Hubraum	4994,2 ccm
Verdichtungsverhältnis	5,77:1
Drehzahl normal/maximal	2500/3000
Höchstleistung	85/100 PS
Leistungsgewicht	12,5 PS/t
Ventilanordnung	hängend
Kurbelwellenlager	7 Gleit-
Vergaser, Anzahl	1 Typ Doppelfallstrom
Zündfolge	1-5-3-6-2-4
Anlasser	12 V
Lichtmaschine	12 V/100 W, auch 300 bzw. 500 W
Batterie, Anzahl	1, 12 Volt 105 Ah
Kraftstofförderung	Pumpe „AC-PE 895"
Kühlung	Wasser
Kupplung	hydr.
Getriebe	Voith „JDR 2,54/3,3 m 2"
Anzahl der Gänge	V 3, R 3 mit Zusatz-
Treibende Räder	Allrad
Triebachsenübersetzung	
Höchstgeschwindigkeit	75 km/h
Fahrbereich	S = 400/G = 300 km
Vorderachse	Pendelachse
Art der Lenkung	Globoid-Schnecken-
Wendekreis ⌀	16,5 m
Federung: vorne/hinten	Viertelfedern/Halbfedern, längs
Schmiersystem	Zentral
Bremsanlage Hersteller	ATE-Lockheed
Wirkungsweise	hydr./Servo
Bremsart	Innenbacken
Fußbremse wirkt auf	vor. und mittl. Räder
Handbremse wirkt auf	H Räder
Art der Räder	Stahlblechscheiben
Reifengröße, vorne	210-20
Reifengröße, hinten	210-20 x 2
Spurweite, vorne/hinten	1450/2120 mm
Radstand	2075 + 1200 mm
Bodenfreiheit	300 mm
Länge über alles	4765 mm
Breite über alles	2400 mm
Höhe über alles	2416 mm
Fahrgestellgewicht	4000 kp
zul. Gesamtgewicht	8000 kp
Nutzlast	je nach Verwendung
Sitzplätze	3 bzw. 4
Kraftstoffverbrauch	40 Ltr. 100 km
Ölverbrauch	2 Ltr. 100 km
Kraftstoffvorrat	
Panzerung:	
Aufbau	8-14,5 mm
Bewaffnung:	1 2-cm-Tankbüchse (150) + 1 sMG 8 mm (3000) wahlweise 1 3,7-cm- bzw. 4,7-cm-TAK
Verwendungszweck:	Versuchspanzerfahrzeug

Panzerspähwagen P 204 (f)
Typ: „178“

Herstellungsland: Frankreich
Hersteller:
Panhard et Levasseur, Paris 13

Baujahr: 1935-40
Informationsquelle:
D 658/11 vom 22. April 1941
Bemerkungen: 359 Stück hergestellt

Motor: Hersteller, Typ	Panhard „SS“
Zyl.-Anzahl, Anordnung	4, Reihe
Bohrung	120 mm
Hub	140 mm
Hubraum	6330 ccm
Verdichtungsverhältnis	5,8:1
Drehzahl	2000
Höchstleistung	105 PS
Leistungsgewicht	12,6 PS/t
Ventilanordnung	ohne – Zweitakt (Schieber)
Kurbelwellenlager	Gleit-
Vergaser, Anzahl	1 Typ Doppel-
Zündfolge	1-3-4-2
Anlasser	12 V
Lichtmaschine	12 V
Batterie, Anzahl	2, 12 Volt 146 Ah
Kraftstofförderung	Pumpe
Kühlung	Wasser
Kupplung	Scheiben, naß
Getriebe	Schub, Vorwähl-Umkehr-
Anzahl der Gänge	V 4, R 4 mit Zusatz-
Treibende Räder	Allrad
Triebachsenübersetzung	1:0,17 (zweifach)
Höchstgeschwindigkeit	72,6 km/h
Fahrbereich	350 km
Vorderachse	Starrachse
Art der Lenkung	Schrauben- (2 Lenkungen)
Wendekreis ϕ	8,0 m
Federung: vorne/hinten	Halbfedern, längs
Schmiersystem	Hochdruck
Bremsanlage Hersteller	Panhard
Wirkungsweise	mech., Servo
Bremsart	Scheiben
Fußbremse wirkt auf	4 Räder
Handbremse wirkt auf	4 Räder
Art der Räder	Stahlblechscheiben
Reifengröße, vorne	42 x 9
Reifengröße, hinten	42 x 9
Spurweite, vorne/hinten	1737 mm
Radstand	3120 mm
Bodenfreiheit	260 mm
Länge über alles	5140 mm
Breite über alles	2010 mm
Höhe über alles	1651 mm, m. Turm APX 3
Fahrgestellgewicht	
zul. Gesamtgewicht	8300 kp
Nutzlast	je nach Verwendung
Sitzplätze	4
Kraftstoffverbrauch	S =33/G = 90 Ltr. 100 km
Ölverbrauch	1,2 Ltr. 100 km
Kraftstoffvorrat	125 Ltr.
Panzerung:	
Aufbau	7-20 mm
Leistungen:	
Steigfähigkeit	22°
Watet	800 mm
Bewaffnung:	1 25 mm KwK (150) + 1 MG (3750)
Verwendungszweck:	Panzerspähwagen der Französischen Armee, von dem 190 als Beutefahrzeuge von der Deutschen Armee übernommen wurden. 150 Stück an Aufklärungseinheiten ausgegeben. Die restlichen 40 Fahrzeuge wurden zu Behelfs-Panzerdraisinen umgebaut

Literaturverzeichnis

Willi A. Boelke
Deutschlands Rüstung im Zweiten Weltkrieg
Nagy Gabor
Pancelos Csatak
Heinz Guderian
Erinnerungen eines Soldaten
Fritz Heigl
Taschenbuch der Tanks
Robert J. Icks
Tanks and Armored Vehicles
Janusz Magnuski
Wozy Bojowe
Oskar Munzel
Die deutschen gepanzerten Truppen bis 1945
Walther K. Nehring
Die Geschichte der deutschen Panzerwaffe 1916–1945
Petter
Die technische Entwicklung der deutschen Kampfwagen im Weltkrieg 1914–1918
Werner Oswald
Kraftfahrzeuge und Panzer der Reichswehr, Wehrmacht und Bundeswehr
Motorbuch-Verlag, Stuttgart
G. Schmitt
Straßenpanzerwagen:
Die Sonderwagen der Schutzpolizei
F. M. von Senger und Etterlin
Die deutschen Panzer 1926–1945
Walter J. Spielberger – Uwe Feist
Armor Series 1–10
Walter J. Spielberger
Die Entwicklung von Panzerspähwagen für die deutsche Reichswehr bzw. Wehrmacht 1927–1945
Fritz Wiener
Gepanzert auf Schiene und Straße
Fritz Wiener
Der Anstrich des Heeresgerätes 1939–1945

Erläuterungen der gebräuchlichen Abkürzungen

A (2)	Infanterieabteilung des Kriegsministeriums
A (4)	Feldartillerieabteilung des Kriegsministeriums
A (5)	Fußartillerieabteilung des Kriegsministeriums
A 7 V	Verkehrsabteilung des Kriegsministeriums
AD (2)	Allgemeines Kriegsdepartment, Abteilung 2 (Infanterie)
AD (4)	Allgemeines Kriegsdepartment, Abteilung 4 (Feldartillerie)
AD (5)	Allgemeines Kriegsdepartment, Abteilung 5 (Fußartillerie)
AHA/Ag K	Allgemeines Heeresamt, Amtsgruppe Kraftfahrwesen
AK	Artillerie-Konstruktionsbureau
AKK	Armeekraftwagenkolonne
ALkW	Armee-Lastkraftwagen
ALZ	Armee-Lastzug
AOK	Armee-Oberkommando
APK	Artillerieprüfungskommission
ARW	Achtradwagen
A-Typen	mit Allradantrieb (Schell-Typ)
BAK	Ballon-Abwehr-Kanone
Bekraft	Betriebsstoffabteilung des Feldkraftfahrwesens
BMW	Bayerische Motoren Werke
Chefkraft	Chef des Feldkraftfahrwesens
(DB)	Daimler-Benz
DMG	Daimler-Motoren-Gesellschaft
Dtschr. Krprz.	Deutscher Kronprinz
E-Fahrgestell	Einheitsfahrgestell
E-Pkw	Einheits-Personenkraftwagen
E-Lkw	Einheits-Lastkraftwagen
FA	Feldartillerie
FAMO	Fahrzeug- und Motorenbau GmbH
FF-Kabel	Feldfernkabel
FH	Feldhaubitze
FK	Feldkanone
Flak	Flugabwehrkanone
F. T.	Funk/Telegraph
Fu	Funk
Fu Ger	Funkgerät
Fr Spr Ger	Funksprechgerät
g	geheim
Gen. St. d. H.	Generalstab des Heeres

Gengas	Generatorgas
G. I. d. MV.	Generalinspektion des Militärverkehrswesens
g. Kdos	geheime Kommandosache
gp	gepanzert
g. RS	geheime Reichssache
gl	geländegängig
GPK	Gewehrprüfungskommission
(H)	Heckmotoranordnung
Hanomag	Hannoversche Maschinenbau AG
Hk	Halbkette, Halbkettenfahrzeug
H. Techn. V. Bl.	Heerestechnisches Verordnungsblatt
HWA	Heereswaffenamt
I. D.	Infanteriedivision
I. G.	Infanteriegeschütz
In.	Inspektion
In. 6	Inspektion des Kraftfahrwesens
Ikraft	Inspektion des Feldkraftfahrwesens
Iluk	Inspektion des Luft- und Kraftfahrwesens
K	Kanone
KD	Krupp-Daimler
K. D.	Kavalleriedivision
KdF	Kraft durch Freude (NS-Organisation)
K. d. K.	Kommandeur der Kraftfahrtruppen
K. Flak	Kraftwagen-Flugabwehrkanone
Kfz.	Kraftfahrzeug
KM	Kriegsministerium
KP	Kraftprotze
(Kp)	Krupp
Kogenluft	Kommendierender General der Luftstreitkräfte
Krad	Kraftrad
Kr. Zgm.	Kraftzugmaschine
KS	Kraftspritze
Kw	Kraftwagen, auch Kampfwagen
l	leicht
L/	Kaliberlänge
le	leicht
le FH	leichte Feldhaubitze
le FK	leichte Feldkanone
l. F. H.	leichte Feldhaubitze
le. I. G.	leichtes Infanteriegeschütz
le. W. S.	leichter Wehrmachtsschlepper
LHB	Linke-Hoffman-Busch
l. I. G.	leichtes Infanteriegeschütz
Lkw	Lastkraftwagen
LWS	Land-Wasser-Schlepper
m	mittel, mittlerer
MAN	Maschinenfabrik Augsburg-Nürnberg AG
MG	Maschinengewehr
MP	Maschinenpistole
MTW	Mannschaftstransportwagen
n =	Umdrehungen pro Minute
n/A	neue Art/neue Ausführung
NAG	Nationale Automobilgesellschaft
(o)	handelsüblich
Ob. d. H.	Oberbefehlshaber des Heeres
O. H. L.	Oberste Heeresleitung
O. K. H.	Oberkommando des Heeres
O. K. W.	Oberkommando der Wehrmacht
Pak	Panzerabwehrkanone
P. D.	Panzerdivision
Pf	Pionierfahrzeug
Pkw	Personenkraftwagen
Pz. F.	Panzerfähre
Pz.Kpfwg.	Panzerkampfwagen
Pz. Spwg.	Panzerspähwagen
(R)	Raupen
R/R	Räder/Raupenantrieb
(RhB)	Rheinmetall-Borsig
RS	Raupenschlepper
RSG	Gebirgsraupenschlepper
RSO	Raupenschlepper Ost (Radschlepper Ost)
RV	Richtverbindung
s	schwer
schg.	schienengängig
schf.	schwimmfähig
Sd. Kfz.	Sonderkraftfahrzeug
Sfl.	Selbstfahrlafette
Sf	Selbstfahrlafette
S-Typen	mit Hinterradantrieb (Schell-Typ)
SmK	Spitzgeschoß mit Kern
SSW-Zug	Siemens-Schuckert-Werke-Zug
s. W. S.	schwerer Wehrmachtsschlepper
Tak	Tankabwehrkanone
Takraft	Technische Abteilung der Inspektion des Kraftfahrwesens
TF	Trägerfrequenz (funktechnisch)
Tp	Tropenausführung
Vakraft	Versuchsabteilung des Feldkraftfahrwesens (Erster Weltkrieg), Versuchsabteilung der Inspektion des Kraftfahrwesens (Reichswehr und Wehrmacht)
ve	voll entstört
v/max	Höchstgeschwindigkeit
V°	Mündungsgeschwindigkeit
VPK	Verkehrstechnische Prüfungskommission
Vs. Kfz.	Versuchsfahrzeug
ZF	Zahnradfabrik Friedrichshafen
ZRW	Zehnradwagen
WaPruef/WaPrw	Waffenprüfungsamt
Wumba	Waffen- und Munitionsbeschaffungsamt
wg	wassergängig

WEITERE INTERESSANTE BÜCHER ZUM THEMA

In diesem Buch werden die im Dienst der Wehrmacht stehenden Beutefahrzeuge und -Panzer mit Fotografien, Zeichnungen und allen technischen Daten und Fakten vorgestellt.
216 Seiten, 501 Bilder, Format 230 x 265 mm
ISBN 978-3-613-03811-0
€ 19,95 / € (A) 20,60

In diesem Band werden nach den Rad- und Halbkettenfahrzeugen nun die Vollkettenfahrzeuge vorgestellt, die aus anderen Ländern stammten und im Dienst der deutschen Streitkräfte standen.
200 Seiten, 434 Bilder, Format 230 x 265 mm
ISBN 978-3-613-03863-9
€ 19,95 / € (A) 20,60

In diesem Spielberger-Band werden jene Entwicklungen vorgestellt, welche dann die Wehrmacht in der ersten Phase des Zweiten Weltkriegs motorisierten. Mit vielen Abbildungen, allen technischen Daten und Fakten vorgestellt.
192 Seiten, 586 Bilder, Format 230 x 265 mm
ISBN 978-3-613-03976-6
€ 19,95 / € (A) 20,60

Die Wehrmacht gab es offiziell erst wieder ab 1936. Doch der Grundstein für den Aufbau der Armee wurde insgeheim bereits zuvor gelegt. Hier werden jene Entwicklungen vorgestellt, welche zu den ersten Panzerfahrzeugen der Wehrmacht werden sollten.
176 Seiten, 348 Bilder, Format 230 x 265 mm
ISBN 978-3-613-03927-8
€ 19,95 / € (A) 20,60